CHARACTERISTICS AND APPLICATION OF
THROTTLING FLOWMETER

节流式流量计特性及应用

童良怀　郑苏录　张玉良　著

江苏大学出版社
JIANGSU UNIVERSITY PRESS

镇　江

图书在版编目(CIP)数据

节流式流量计特性及应用 / 童良怀，郑苏录，张玉
良著. — 镇江 ：江苏大学出版社，2021.11
ISBN 978-7-5684-1641-2

Ⅰ.①节… Ⅱ.①童… ②郑… ③张… Ⅲ.①节流式
流量计 Ⅳ.①TH814

中国版本图书馆 CIP 数据核字(2021)第 196668 号

节流式流量计特性及应用
Jieliushi Liuliangji Texing Ji Yingyong

著　　者/童良怀　郑苏录　张玉良
责任编辑/李菊萍
出版发行/江苏大学出版社
地　　址/江苏省镇江市梦溪园巷 30 号(邮编：212003)
电　　话/0511-84446464(传真)
网　　址/http://press.ujs.edu.cn
排　　版/镇江市江东印刷有限责任公司
印　　刷/镇江文苑制版印刷有限责任公司
开　　本/718 mm×1 000 mm　1/16
印　　张/12
字　　数/222 千字
版　　次/2021 年 11 月第 1 版
印　　次/2021 年 11 月第 1 次印刷
书　　号/ISBN 978-7-5684-1641-2
定　　价/46.00 元

如有印装质量问题请与本社营销部联系(电话：0511-84440882)

前　言

　　节流式流量计是典型的差压式流量计,具有结构简单、性能稳定、使用寿命长、价格低廉等优点,其标准节流件得到国际标准组织的认可,在我国流量计量中得到广泛应用。长期以来,节流式流量计是一种计量器具,相关研究和现有标准主要关注其计量特性,而对其安全性能缺乏相关研究。2016年8月湖北当阳电厂发生重大安全生产事故后,节流式流量计的安全性才受到社会各界的关注,但研究仅限于焊缝检验检测方面。2018年国家市场监管总局下发《市场监管总局办公厅关于开展电站锅炉范围内管道隐患专项排查整治的通知》(市监特函〔2018〕515号),对用于锅炉的节流式流量计壳体的制造和检验提出了一些原则性要求;2020年9月1日实施的《压力管道监督检验规则》(TSG D7006—2020)要求对流量计壳体进行制造监督检验。由此可见,社会对节流式流量计的安全性日益重视,市场亟需一本能系统反映节流式流量计特性及应用情况的著作。

　　本书系统地介绍了衢州市特种设备检验中心近年来对电站锅炉管道上普遍使用的节流式流量计的安全特性、热效应特性研究及应用的情况。希望本书能为节流式流量计安全技术的健康发展做出一些贡献,为广大从事节流式流量计设计、制造、安装、使用及监督检验的专业技术人员、科研工作者和高校师生提供帮助。

　　本书是在衢州市市场监督管理局领导的关心下,由衢州市特种设备检验中心的童良怀、郑苏录和衢州学院的张玉良共同完成的。本书在编写过程中得到了浙江工业大学的孙伟明教授,浙江大学的肖刚教授及许家鸣、周佳辉两位研究生,华东理工大学的潘红良教授、陈建钧教授,衢州市特种设备检验中心的周文、夏尚、王涛、刘震杰、黄诚蔚、徐小捷、胡建飞、汤荣跃、蒋文焕、黄旭、刘杰等同事以及江苏大学出版社李菊萍编辑的大力支持,谨在此向有关单位和个人一并表示衷心的感谢。

书中引用了一些文献资料,在此向有关作者和单位表示衷心感谢。

由于编者的水平有限,书中难免存在不妥之处,恳请读者不吝指正。

童良怀

2021 年 11 月于衢州

目　录

第1章 绪 论

1.1 节流式流量计研究概况

流量计是一种用来测量管道中流体的流量或总量的仪表,它通常由一次装置和二次装置组成。流量计的种类繁多,据不完全统计,目前市场上至少有100种流量计,而且新品种还在陆续投放。流量计按照工作原理大致可以分为差压式流量计,如标准孔板、喷嘴流量计等;速度式流量计,如涡轮、涡街、电磁和超声波流量计等;容积式流量计,如椭圆齿轮、旋转活塞流量计等;质量流量计,如热式、双孔板、科里奥利等直接式质量流量计,间接式质量流量计及补偿式质量流量计等。节流式流量计是典型的差压式流量计,它具有结构牢固简单、性能稳定可靠、使用寿命长、价格低廉等优点,其标准节流件经过国际标准组织的认可,在我国流量计领域得到广泛应用。

节流式流量计历史悠久,在2000多年前的恺撒时代就有利用孔板测量各住户的用水量的记录,但节流式流量计直到17世纪才开始被广泛使用。17世纪初,托里切利和卡斯特里提出了差压测量的基本概念:流量等于流速乘以管道面积,通过孔口的流出量是随着压头的平方根的变化而变化的,从而为差压装置相关理论的产生奠定了基础。

皮托特于1732年发表了关于皮托管的论文。伯努利于1738年提出了著名的流量计算公式,开发节流式流量计也是从这个时候开始的。文丘里于1797年发表了以他的名字命名的流量计原理的论文。然而,直到1887年第一个基于文丘里原理的流量计才被克莱门斯·赫谢尔开发商用,并且他于1898年发表论文《文丘里水表》。赫谢尔的研究成果确定了赫谢尔型文丘里管的尺寸,并为确定其他产生差压装置的几何形状与差压之间关系的实验研究奠定了基础。

马克斯·盖尔于1896年获得了首个孔板流量计的专利。第一个商用孔板流量计出现于1909年,用于测量蒸汽流量。虽然孔板流量计已被广泛地应用于不同的流体,但是直到 1930 年通过美国燃气协会(AGA)、美国机械工程师学会(ASME)和美国国家标准局(ANSI)三家的联合测试,才得到预估系数所需的足够多的数据。有了根据测得的几何尺寸预估系数的能力,孔板流量计便开始全面商业化。之后其他节流式流量计也逐步得到发展。

节流式流量计广泛应用于化工、电力等行业。各个领域使用的环境各有其特点,如化工行业的工作条件多样,工作压力从负压到超高压,工作温度从 -200 ℃到 1000 ℃以上,所测量的介质多是有毒、易燃、易爆介质。

1.2 节流式流量计计量特性研究

1.2.1 节流式流量计的国际标准

节流式流量计现行的国际标准主要为 ISO 5167:2003(E)系列标准。国际标准化组织(ISO)第 30 号技术委员会(ISO/TC 30)即封闭管道流体流量测量技术委员会自成立之日起(1947 年)便集中全部力量,准备制定一部节流装置国际标准,经过 30 余年的努力,终于在 1980 年颁布第一部节流装置国际标准 ISO 5167(1980)。ISO 5167 的颁布是节流装置发展史上的第一个里程碑,它总结了 20 世纪 70 年代以前节流装置试验研究的成果。20 世纪 80—90 年代,各国对孔板流量计开展了大规模的研究试验(API 试验计划和 EEC 试验计划)。2003 年 ISO 5167:2003(E)正式颁布,它总结了 20 世纪 80—90 年代国际上对标准节流装置试验研究的成果,是节流装置发展史上的第二个里程碑。ISO 5167:2003(E)在内容上与 ISO 5167(1980)及 ISO 5167-1(1991)有实质上的重大变化,它反映了节流装置几个品种(孔板、喷嘴和文丘里管)的当代科学与生产技术水平。ISO 5167:2003(E)系列标准主要包括 ISO 5167-1-2003《用安装在圆形截面管道中的差压装置测量满管流体流量 第 1 部分:一般原理和要求》、ISO 5167-2-2003《用安装在圆形截面管道中的差压装置测量满管流体流量 第 2 部分:孔板》、ISO 5167-3-2003《用安装在圆形截面管道中的差压装置测量满管流体流量 第 3 部分:喷嘴和文丘里喷嘴》及 ISO 5167-4-2003《用安装在圆形截面管道中的差压装置测量满管流体流量 第 4 部分:文丘里管》。

ISO 5167:2003(E)系列标准颁布实施后,依然存在如下问题:入口边缘磨损,精度不高,性能不稳定。ISO 5167:2003(E)规定:入口边缘应为尖锐的,入口边缘的圆弧半径应不大于 $4 \times 10^{-4} d$。实际上,这一要求加工时就难以满足,使用中更无法保持。孔板入口边缘锐利度钝化是孔板的本质缺陷,从

20世纪30年代孔板结构形式标准化后,国际流量界就非常重视这个问题,并进行了大量的试验研究,在长期不屈不挠的努力下,已取得丰硕成果,现在基本上可以解决这个问题了。

另外,配套 ISO 5167:2003(E)制定的相关标准包括 ISO/TR 12767-2007《用压差装置测量流体流量 偏离于 ISO 5167 给出的操作条件和规范的效果指南》、ISO/TR 15377-2007《用压差装置测量流体流量 超过 ISO 5167 范围的节流孔板、喷嘴和文丘里管的规范指南》,以及 ANSI/ASME MFC-3Ma-2007《用孔板、管接头和文杜利管测量管道中的液体流量》。

1.2.2 节流式流量计的国内标准

节流式流量计现行的国内标准主要有 GB/T 2624-2006《用安装在圆形截面管道中的差压装置测量满管流体流量》,系列标准由 4 个部分组成:

——第1部分:一般原理和要求

——第2部分:孔板

——第3部分:喷嘴和文丘里喷嘴

——第4部分:文丘里管

其中 GB/T 2624.1-2006《用安装在圆形截面管道中的差压装置测量满管流体流量 第1部分:一般原理和要求》定义了术语和符号,确定了用安装在圆形截面管道中的差压装置(孔板、喷嘴和文丘里管)测量满管流体流量的一般原理和计算方法,规定了测量、安装和确定流量测量不确定度方法的一般要求,还确定了这些差压装置所适用的管道尺寸和雷诺数的范围。该标准等同于 ISO 5167-1-2003《用安装在圆形截面管道中的差压装置测量满管流体流量 第1部分:一般原理和要求》(英文版)。

GB/T 2624.2-2006《用安装在圆形截面管道中的差压装置测量满管流体流量 第2部分:孔板》规定了孔板的几何尺寸和安装在管道中测量满管流体流量的方法(安装和工作条件)。该标准等同于 ISO 5167-2-2003《用安装在圆形截面管道中的差压装置测量满管流体流量 第2部分:孔板》(英文版)。

GB/T 2624.3-2006《用安装在圆形截面管道中的差压装置测量满管流体流量 第3部分:喷嘴和文丘里喷嘴》规定了喷嘴和文丘里喷嘴的几何尺寸和安装在管道中测量满管流体流量的方法(安装和工作条件)。该标准等同于 ISO 5167-3-2003《用安装在圆形截面管道中的差压装置测量满管流体流量 第3部分:喷嘴和文丘里喷嘴》(英文版)。

GB/T 2624.4-2006《用安装在圆形截面管道中的差压装置测量满管流体

流量　第 4 部分：文丘里管》规定了文丘里管的几何尺寸和安装在管道中测量满管流体流量的方法（安装和工作条件）。该标准等同于 ISO 5167-3-2003《用安装在圆形截面管道中的差压装置测量满管流体流量　第 3 部分：喷嘴和文丘里喷嘴》（英文版）。

和国际标准相同，国内制定 GB/Z 33902-2017《使用差压装置测量流体流量　偏离 GB/T 2624 给出的要求和工作条件的影响及修正方法》，等同于 ISO 5167:2003(E) 配套标准 ISO/TR 12767-2007《用压差装置测量流体流量　偏离于 ISO 5167 给出的操作条件和规范的效果指南》（英文版）。

另外，JJG 640-2016《差压式流量计检定规程》主要适用于一体式差压式流量计及分体式差压式流量计的标准节流件和差压装置的首次检定、后续检定和使用中检查。

1.2.3　节流式流量计计量精度

要提高差压式流量计的精度，可以从理论补偿和规范安装使用两方面入手，其中理论补偿主要包括流出系数补偿、气体可膨胀系数补偿、压缩系数补偿、密度补偿，还包括提高差压信号精度及扩大流量计量程比等；规范安装使用主要包括规范节流元件、引压管及差压变送器的安装使用。

差压式流量计计算流量的一般公式为

$$q_m = \frac{C}{\sqrt{1-\beta^4}} \times \varepsilon \times \frac{\pi}{4} d^2 \times \sqrt{2\Delta p\, \rho_1} \qquad (1.1)$$

式中：q_m 为质量流量；C 为流出系数；ε 为气体膨胀系数；d 为工作条件下节流件孔径；Δp 为差压；ρ_1 为上游流体密度；β 为直径比（$\beta = \dfrac{d}{D}$，其中，D 为工作条件下上游管道内径）。

由式（1.1）可以看出，影响流量的因素有 6 个，分别为 C（流出系数）、ε（气体膨胀系数）、d（节流件孔径）、D（管道直径）、Δp（差压）和 ρ_1（流体密度），不同因素对流量的影响程度是不同的，各个影响因素对流量的影响不是简单的代数值叠加。例如，C（流出系数）、ε（气体膨胀系数）与流量成正比关系，C（流出系数）、ε（气体膨胀系数）每变化 1%，流量变化情况同样为 1%；d（节流件孔径）与流量之间的关系还与直径比 β 有关；差压 Δp、密度 ρ_1 与流量的平方根成正比关系。

1.2.4　节流式流量计结构优化、流场模拟与特性

西安热工研究院的李志华等基于 CFD 理论对电厂孔板流量计进行数值模拟，分析不同断面的流出系数及压力分布规律后，认为取压孔应设置在上

游最大压力处和下游最小压力处，且下游取压孔应设置在距孔板中心(0.3~0.5)D 的范围内，上游取压孔应设置在距孔板中心(0.5~1.5)D 的范围内。不同取压孔距离显著影响流体质量流量的测量精度，所以流量孔板要严格按照取压孔尺寸安装，并根据取压孔的实际位置适当修正流出系数。

王月等为了寻找合适的取压位置，通过 Fluent 软件对不同工况条件下的喷嘴流量计进行了数值模拟，研究认为喷嘴附近流体压力场及速度场变化复杂，喷嘴喉部末端压力急速下降，速度急剧上升，产生旋流分离现象，造成低压取压腔体内压力不稳，因此选取低压取压口位置时应避免旋流，同时取压管的焊接位置与喷嘴入口端面应保持一定距离，两者不要离得太近，否则会加大安装难度。根据模拟结果分析，高压取压口应选取在距离喷嘴入口端面不小于 1.6D 处，低压取压口轴线应选取在距离喷嘴出口断面逆着流体流动方向不小于 0.09D 处。

张兵强等为研究孔板流量计计量精度的影响因素，选用 SST k-ω 湍流模型对孔板流量计孔板前后流场变化情况进行了数值模拟分析。通过模拟流量计孔板前后压力变化，发现天然气经孔板节流后，在孔板下游的压力先下降再逐步回升到一定值，这说明下游取压孔不宜距离孔板太近，否则容易导致测量值偏高。天然气经孔板流量计时静温的变化虽然很小，但仍会引起0.06752‰的计量误差，给产销量巨大的天然气企业带来较大经济损失。孔板流量计孔板开孔直角入口边缘尖锐度对孔板前后流场影响较大，当锐度变钝时，天然气流经孔板时摩擦力降低，导致天然气经孔板节流后压降降低，因此测量值与真实值相比偏低。同时，质量流量不平衡曲线也表明，孔板锐度变钝后孔板前后流量不平衡区域明显增大，因此在取压位置不变的情况下有可能导致取压误差增加。

向素平等利用 Fluent 软件对不同压力工况、管径的流量计上游管段的流场和压力场进行了数值模拟。通过对数值模拟结果进行分析指出，在改变流向时采用三通比弯头更利于流量计管段的整流。通过对不同管径和不同压力工况进行模拟和对比分析得知，管径越小、工作压力越大，弯头和三通对下游的扰流越严重。因此，在燃气厂站内，为了提高计量精度，在流量计管段上游需要改变流向处应尽量选用对下游扰流较小的三通。对于高压和小管径的流量计管段，选用三通的效果尤为显著。

陈家庆等通过在标准孔板流量计中引入 CFD 数值模拟，为流出系数的获取提供了新途径。他们对不可压缩流体在不同流量、不同直径比、不同孔板轴向厚度和不同流动介质下的内部流场进行了数值模拟计算，并将计算出的流出系数与根据 ISO 公式计算出的流出系数进行分析对比。结果表明,随着流量、直径比、孔板厚度及流体介质的改变,流出系数也会发生变化。一般情况下,ISO 公式计算出的流出系数小于数值模拟流出系数,且难以准确反映出孔板轴向厚度变化对内部流场的影响。

朱桂华等研究了孔板流量计在动态非稳定流态或振荡流态下的瞬时压力-流量特性,得出孔板前后的旋涡域大小随流速变化是引起孔板进出口瞬时流量差的主要原因。他们借助 CFD 数值解析方法,建立孔板模型,并在模型入口加载某一频率下的正弦流速,对孔板流量计在振荡流态下的瞬时压力-流量特性进行分析。结果表明,孔板两端差压为周期振荡状态,差压与节流孔瞬时流量同频不同相。差压幅值随入口流速振幅的增大而线性增大,且线性增长系数与振荡频率相关;圆管入口与出口存在周期波动的瞬时流量差,振荡频率越大或入口流速峰值越小,瞬时流量差的波动也就越小。在振荡流态下,由于相位滞后和瞬时流量差的存在,孔板流量计的测量流量与实际出口流量之间存在偏差,振荡频率越大,偏差越大。孔板流量计是流量计量的常用元件,该分析结果对孔板的结构设计及系统的整体动态特性研究具有重要意义。

杨国来等应用计算流体动力学软件,对孔板流量计内部流场分布问题进行仿真研究。通过分析得出,当流体流经孔板流量计时其内部流场具有以下流动特性:流体在流经孔板之前的一段距离时就已开始收缩,并且在通过孔板的瞬间中心流速最大,流过孔板以后随着距离的增加,流速逐渐变慢;流体在流经孔板后在一定范围内会产生漩涡;流体从进入孔板到流过孔板,随着流体流速的增加,压力急剧下降,并且经过孔板的瞬间压力下降最快。

林棋等基于 ANSYS-CFX 对差压式孔板流量计进行了数值模拟,详细计算研究了关于孔板流量计流出系数的 4 个主要影响因素:流量(流速)、黏度(流体种类)、缩径孔厚度及截面比(直径比)。结果表明,随着流量的增大,流出系数逐渐减小,在层流区域减小速度快;流体黏度、缩径孔厚度的增大均会使得流出系数增大;当截面比较小时,流出系数随截面比增大而减小,当截面比较大时,流出系数随截面比增大而增大。

1.3　节流式流量计安全性能研究

1.3.1　节流式流量计的失效情况

节流式流量计虽是一种计量器具,但广泛应用于化工、电力等行业管道系统,承担着管道元件相同的功能。节流式流量计失效的案例并不少见。

【**案例 1**】 2015 年 12 月某化工厂发生火灾,经查,起火原因为安装在工艺管线上的孔板流量计导压管断裂导致介质泄漏。对失效接管进行分析后,得出结论:导压管失效是因雨水和来自海水的蒸汽进入保温层带来了氯离子,氯离子在接头处聚集,致使管道发生应力腐蚀开裂。导压管振动使裂纹以疲劳方式扩展,最终形成断裂。

【**案例 2**】 某厂锅炉车间煤锅炉减温水孔板流量计和接管泄漏,导致装置停工。宏观检验结果表明,该流量计及接管的减薄是从内向外进行的,内壁上的蜂窝状凹坑进一步说明流量计和接管减薄是由管内介质的热冲蚀导致的。造成热冲蚀的原因主要是该流量计的变径、焊缝根部高度偏高及接管一侧的厚度偏高。

【**案例 3**】 2016 年 8 月 11 日 14 时 49 分,湖北省当阳市马店矸石发电有限责任公司热电联产项目在试生产过程中,2 号锅炉高压主蒸汽管道上的"一体焊接式长径喷嘴"(节流式流量计中的长径喷嘴流量计)爆裂,导致发生一起重大高压蒸汽管道爆裂事故,造成 22 人死亡,4 人重伤,直接经济损失约 2313 万元。

1.3.2 电站锅炉节流式流量计的安全状况

电站锅炉节流式流量计的安全状况存在如下问题:

(1)缺陷普遍存在,具有"致命性"短板。本书中笔者的研究,兼顾不同材料、不同运行参数、不同介质和运行时间,有针对性地搜集了热电企业 53 个节流式流量计中的 9 个样本,涉及 4 家使用单位、5 家制造单位。研究采用了宏观检查、无损检测、电镜扫描、能谱分析、力学性能试验等手段,发现 9 个节流式流量计的制造焊缝均有大量裂缝且伴生其他缺陷,缺陷发生率为 100%,节流式流量计的"高发病率"让人触目惊心。图 1.1 为部分缺陷流量计解体后宏观可见的裂纹图,图 1.2 为焊缝底部的裂纹金相图,图 1.3 为焊缝层间的裂纹电子镜图,这些裂纹在运行中极易进一步扩展,从而发生事故。对部分流量计焊缝进行拉伸试验,发现断口无任何塑性变形,呈脆性断裂(见图 1.4)。

图 1.1 缺陷流量计裂纹宏观图

图1.2　焊缝底部的裂纹全相图

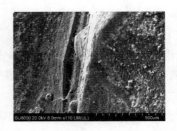
图1.3　焊缝层间的裂纹电子镜图

图1.4　断口拉伸试验

（2）早期多无明显症状，往往难以发现。流量计的问题具有"强潜伏性"。目前，针对在用环室取压流量计制造焊缝缺陷问题缺乏理想的"早期诊断方法"。由于受安装现场空间、流量计自身结构、出厂资料（资料不全且无法追踪等因素）的限制，目前尚无一种可靠的无损检测技术或方法可用于节流式流量计制造焊缝埋藏缺陷的检测，特别是早期在焊缝根部出现的裂纹极难发现，因而易出现漏检的现象，这些裂纹等缺陷会在使用中进一步扩展，极其危险。

1.3.3　节流式流量计安全性能研究及存在的问题

1.3.3.1　节流式流量计安全性能研究

2016年之前，国内外未见有节流式流量计安全性能方面的研究。2016年，湖北当阳流量计事故发生后，国内特种设备检验机构等科研单位才开始针对节流式流量计安全性能开展研究，但也仅限于焊缝的检验检测。罗昭强等针对ISA 1932型喷嘴流量计展开检验检测研究，通过对流量计的材料进行光谱、硬度和金相检测，分析该流量计的理化结果是否满足使用要求，利用测厚仪对夹持环及节流件之间的对接焊缝进行测厚，结果表明：垂直于中心线的平面入口部分与两环向短节之间的对接焊缝断开界面是造成夹持环与对接焊缝厚度差异的主要原因；A型脉冲超声不适合ISA 1932型喷嘴流量计的检测；用略小于或等于环焊缝的最小厚度作为TOFD检测深度，人为避开特殊接头形式,可以对流量计焊接接头进行检测;相控阵超声检测具有极高的检出率,但不明确的评级标准限制了它的使用。

钱盛杰等根据流量计的结构尺寸,提出了利用相控阵技术进行扇形扫查的检测方法,其中斜探头主要用于焊缝中部及下部的缺陷检测,直探头主要用于焊缝上部的缺陷检测,该方法能够成功检测出未熔合、未焊透、裂纹和气孔四大类常见的流量计焊接缺陷。

林彤等对孔板流量计壳体焊缝进行了超声检测,认为 TOFD 超声检测具有较大技术优势。采用 TOFD 检测时,现场在用流量计壳体焊缝的余高不需要打磨平,可一次性完成焊缝接头区域厚度的精准测量和焊缝根部危害性缺陷的检出。UT 和 PAUT 检测时,均要对焊缝余高进行磨平处理才能移动探头,使探头覆盖焊缝接头区域进行检测,利用斜探头检测焊缝缺陷,利用直探头测量厚度。

夏尚等针对 A 型脉冲超声检测中单个探头难以完成对流量计检测的问题,开发出了"流量计焊缝超声检测模拟分析软件",该软件可以直观、高效、准确地筛选出满足扫查要求的探头 K 值组合,通过使用不同 K 值的探头组合,实现对流量计焊缝的检测检验。

周文等将搜集到的流量计进行拆解取样,然后进行目视检查、磁粉检测、超声波检测、金相检测和拉伸试验、冲击试验、弯曲试验和断口电镜扫描,总结出焊缝缺陷产生的原因:由于流量计在焊接过程中未遵守焊接工艺或焊接质量不高等,造成焊缝内部存在夹渣、未熔合和未焊透等缺陷并容易萌生裂纹,这些原始裂纹在长期高温高压条件下会发生扩展,影响流量计的安全使用。

1.3.3.2 节流式流量计安全管理方面存在的问题

(1)节流式流量计监管环节存在的问题

新出厂的流量计必须通过计量器具型式评价并取得"计量器具型式批准证书"。但流量计的计量器具型式评价体系主要满足计量的精确度,并未涉及流量计的使用安全性。2018 年 7 月 3 日,国家市场监管总局下发了市监特函〔2018〕515 号《市场监管总局办公厅关于开展电站锅炉范围内管道隐患专项排查整治的通知》,规定用于电站锅炉范围内管道上的流量计(壳体)可以由压力管道元件制造单位制造,也可以由相应级别的锅炉制造单位制造。节流式流量计的设计、制造虽有 GB/T 2624-2006《用安装在圆形截面管道中的差压装置测量满管流体流量》等系列标准,但这些标准只对孔板、喷嘴等节流件的结构作了规定,关注的是计量特性。涉及安全的节流式流量计(壳体)设计、制造、检验检测等环节尚无相应的国家标准或者行业标准,部分制造企业甚至无相应的企业标准,节流式流量计安全性能的规范管理还将经过一段过渡期。

(2)制造环节遗留大量隐患

节流式流量计(壳体)设计、制造方面没有统一标准,制造环节存在大量问题:制造单位未建立相应的质量管理体系、材料缺乏合理可追溯的质量证明、部分材料不符合要求、焊接过程没有正确的焊接工艺、焊接材料使用随意、焊后未进行有效的无损检测和热处理,以及出厂前未进行整体强度试验或泄漏性试验等,使得节流式流量计(壳体)制造焊缝可能存在未熔合、未焊透、裂纹等缺陷及隐患。

综上所述,现有节流式流量计的相关研究和现有标准规范主要关注其计量特性,而对其安全性缺乏系统性研究,仅有的研究也只限于焊缝检验检测方面。本书重点对电站锅炉管道上普遍使用的节流式流量计(孔板流量计、喷嘴流量计和长径喷嘴流量计)的安全特性、流固场特性、热效应特性及应用进行系统研究。

第2章 节流式流量计工作原理和制造要求

2.1 节流式流量计工作原理

节流式流量计由节流件、取压装置、流量计壳体(包括前测量管、后测量管、前夹持环和后夹持环)等部件组成。流体流经节流件时,在节流件上下游形成静压差(差压),该静压差与流经节流件的流体流量之间有确定的函数关系。当流体物性、节流件类型和取压方式及管道几何尺寸等条件可知时,通过测量该静压差,可确定流体流量。

2.1.1 节流式流量计的分类

节流式流量计按照节流件标准化的程度,可以分为标准节流件和非标准节流件两类。标准节流件是指按照标准文件设计、加工制造、安装和使用的节流件,它们不需要经实流标定即可确定其流量值、估计其测量不确定度,本书研究的孔板流量计、喷嘴流量计和长径喷嘴流量计的节流件都为标准节流件。非标准节流件是尚未列入国际标准的节流件,通常需要进行实流标定。

2.1.2 节流式流量计的基本工作原理

(1)不可压缩流体的流量公式

假设流体是不可压缩的理想流体,其流动符合一维等熵的定常流条件。对不满足条件的影响因素用修正系数修正。

① 连续性方程。在节流件前后取截面 Ⅰ,Ⅱ,有

$$\mu_1 A_1 = \mu_2 A_2 = q_V \tag{2.1}$$

式中:μ_i 是流过截面 i 的平均流速,m/s($i=1,2$);A_i 是过流截面 i 的截面积,m^2;q_V 是流体体积流量,m^3/s。

② 伯努利方程。对于截面 Ⅰ 和 Ⅱ,有

$$Z_1 + \frac{p_1}{\rho_1} + K_1 \frac{\mu_1^2}{2} = Z_2 + \frac{p_2}{\rho_2} + K_2 \frac{\mu_2^2}{2} + \xi \frac{\mu_2^2}{2} \tag{2.2}$$

式中：Z_i，$\dfrac{p_i}{\rho_i}$，$K_i\dfrac{\mu_i^2}{2}$ 分别是单位质量流体在过流截面 i 时的位能、压力能和动能的平均值（$i=1,2$）。式（2.2）最后一项是单位流体平均能量损失。考虑流体在截面 Ⅰ 和 Ⅱ 处的密度相等，代入并简化得

$$\mu_2 = \frac{1}{\sqrt{K_2 + \xi - K_1\left(\dfrac{A_2}{A_1}\right)^2}}\sqrt{2\left[\frac{p_1-p_2}{\rho_1}+(Z_1-Z_2)\right]} \tag{2.3}$$

因此，流体体积流量 q_V 和质量流量 q_m 为

$$q_V = \frac{A_2}{\sqrt{K_2 + \xi - K_1\left(\dfrac{A_2}{A_1}\right)^2}}\sqrt{2\left[\frac{p_1-p_2}{\rho_1}+(Z_1-Z_2)\right]} \tag{2.4}$$

$$q_m = \frac{A_2}{\sqrt{K_2 + \xi - K_1\left(\dfrac{A_2}{A_1}\right)^2}}\sqrt{2(p_1-p_2)\rho_1+\rho_1^2(Z_1-Z_2)} \tag{2.5}$$

由于压力 p_1 和 p_2 是截面Ⅰ和Ⅱ处流体的平均压力，实际测量的压力是取压点的压力，因此定义取压系数 ψ，即实际取压获得的差压 Δp 与 ψ 之积等于 p_2-p_1。

定义直径比 β 为节流孔面积 A_0 与管道截面积 A_1 之比的开方。对只有一个节流孔的节流件，它等于节流孔直径 d 与管道内径 D 之比。定义流束收缩系数 μ 为流束最小截面积 A_2 与节流孔开孔面积 A_0 之比。

定义流量系数 a、渐近速度系数 E 和流出系数 C 如下：

$$a = \frac{\mu\sqrt{\psi}}{\sqrt{K_2+\xi-K_1(\mu\beta^2)^2}};\ E = \frac{1}{\sqrt{1-\beta^4}};\ C = \frac{a}{E} \tag{2.6}$$

对水平管道，因 $Z_1 = Z_2$，有

$$q_V = \frac{C}{\sqrt{1-\beta^4}}A_0\sqrt{2\frac{\Delta p}{\rho_1}} = \frac{\pi}{4}\times\frac{C\beta^2 D^2}{\sqrt{1-\beta^4}}\sqrt{2\frac{\Delta p}{\rho_1}} \tag{2.7}$$

$$q_m = \frac{C}{\sqrt{1-\beta^4}}A_0\sqrt{2\Delta p\,\rho_1} = \frac{\pi}{4}\times\frac{C\beta^2 D^2}{\sqrt{1-\beta^4}}\sqrt{2\Delta p\,\rho_1} \tag{2.8}$$

对垂直管道，根据流体流向，需增加由于取压口之间的位能差产生的项。节流装置的永久压损用 p_1-p_3 表示。

（2）可压缩流体的流量公式

可压缩流体的密度不是常数，即 $\rho_1\neq\rho_2$。对绝热过程有

$$\frac{p}{\rho^\gamma} = 常数 \tag{2.9}$$

绝热过程中,比热比 γ 为比定压热容 c_p 与比定容热容 c_V 之比。对可逆绝热过程,等熵指数 K 等于比热比 γ。

① 连续性方程。可压缩流体的连续性方程需考虑密度影响,因质量不变,有

$$\mu_1 A_1 \rho_1 = \mu_2 A_2 \rho_2 = q_m \tag{2.10}$$

② 伯努利方程。考虑等熵过程的伯努利方程为

$$Z_1 + \frac{K}{K-1} \times \frac{p_1}{\rho_1} \times \frac{\mu_1^2}{2} = Z_2 + \frac{K}{K-1} \times \frac{p_2}{\rho_2} \times \frac{\mu_2^2}{2} \tag{2.11}$$

因此,有

$$\mu_2^2 - \left(\frac{A_2}{A_1} \times \frac{\rho_2}{\rho_1}\right)^2 \mu_2^2 = \frac{2K}{K-1}\left(\frac{p_1}{\rho_1} - \frac{p_2}{\rho_2} + Z_1 - Z_2\right)$$

对水平管道,因 $Z_1 = Z_2$,将式(2.9)代入,简化后得

$$q_m = \frac{C}{\sqrt{1-\beta^4}} \varepsilon A_0 \sqrt{2\Delta p \rho_1} = \frac{\pi}{4} \times \frac{C\beta^2 D^2}{\sqrt{1-\beta^4}} \varepsilon \sqrt{2\Delta p \rho_1} \tag{2.12}$$

$$q_V = \frac{C}{\sqrt{1-\beta^4}} \varepsilon A_0 \sqrt{2\Delta p \rho_1} = \frac{\pi}{4} \times \frac{C\beta^2 D^2}{\sqrt{1-\beta^4}} \varepsilon \sqrt{\frac{2\Delta p}{\rho_1}} \tag{2.13}$$

式中: ε 是可膨胀系数。

$$\varepsilon = \sqrt{\frac{1-\mu^2 m^2}{1-\mu^2 m^2 \left(\frac{p_2}{p_1}\right)^{\frac{2}{K}}}} \sqrt{\frac{\frac{K}{K-1}\left(\frac{p_2}{p_1}\right)^{\frac{2}{K}}\left[1-\left(\frac{p_2}{p_1}\right)^{\frac{K-1}{K}}\right]}{\left(1-\frac{p_2}{p_1}\right)}} \tag{2.14}$$

式(2.14)适用于喷嘴、文丘里管等节流件可膨胀系数的计算。

对于标准孔板,可膨胀系列有下列近似式:

$$\varepsilon = 1 - (0.351 + 0.256\beta^4 + 0.93\beta^8)\left[1-\left(\frac{p_2}{p_1}\right)^{\frac{1}{4}}\right]$$

2.2　节流式流量计的常见结构形式

2.2.1　节流件的结构形式

(1)标准孔板的结构

孔板(见图 2.1)在管道内的部分应该是圆的,并与管道轴向同轴。孔板

两端面应始终是平整和平行的,在设计和安装孔板时,应注意保证在工作条件下,由于压差或任何其他应力引起的孔板塑性扭曲和弹性变形不应造成上游端面直线斜度超过1%。

孔板上游端面的规定:当孔板安装在管道中而孔板两侧压差为0时,孔板的上游端面应该是平的。只要能证明安装方法不会使孔板变形,就可以将孔板从管道上拆下来测量其平面度。测量时,当孔板与搁在孔板任一直径上长度为 D 的直规之间最大间隙小于 $0.005(D-d)/2$ 时,可以认为孔板是平的,也就是说,在孔板装入测量管线之前进行检查时,斜度小于0.5%。

在直径不小于 D 且与节流孔同心的圆内,孔板上游端面的粗糙度 $Ra<10^{-4}d$。在所有情况下,上游端面的粗糙度都应不影响边缘尖锐度的测量。如果在工作条件下孔板不能满足规定条件,必须对直径至少 $1D$ 的区域重新抛光或清洗。如有可能,可在孔板上设置一个安装后仍明显可见的标志,用以表明孔板的上游端面相对于流动方向的安装是否正确。

孔板下游端面的规定:下游端面应该平直并与上游端面平行,虽然可以方便地制造出两面具有相同光洁度的孔板,但下游端面的表面粗糙度无须达到上游端面那样高的品质,下游端面的平面度和表面状况可通过目测检查加以判断。

节流孔的厚度 e 应在 $0.005D$ 与 $0.02D$ 之间。在节流孔任意点上测得的各个 e 值之间的差应不大于 $0.001D$。孔板的厚度 E 一般应在 e 与 $0.05D$ 之间。但是,当 $50\ \text{mm} \leqslant D \leqslant 64\ \text{mm}$ 时,厚度 E 可以达到 $3.2\ \text{mm}$,但亦应满足上端面直线斜度不超过1%的要求。

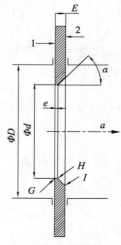

图 2.1 孔板

斜角 α 的规定:若孔板的厚度 E 超过节流孔厚度 e,孔板的下游侧应切成斜角,斜角表面应精加工,斜角 α 应为 $45°\pm15°$。

边缘 G、H 和 I 的规定:上游边缘 G 应无卷口或毛边,上游边缘 G 应是锐边(只要边缘半径不大于 $0.004d$,就认为是锐边)。若 $d\geqslant25$ mm,则一般认为目检可以满足要求,用肉眼观察,检验边缘应不反射光束。若 $d<25$ mm,则目检不能满足要求。如果对是否满足要求有任何怀疑,应测量边缘半径。上游边缘应是直角,当节流孔与孔板上游端面之间的角度为($90°\pm0.3°$)时,可认为是直角。节流孔是指孔板边缘 G 与 H 之间的区域。

下游边缘 H 和 I 处于分离流动区域中,因此对其质量要求不如边缘 G 严格,允许有些小缺陷(如一条刻痕)。

节流孔直径 d 的规定:直径 d 在任何情况下都应大于或等于 12.5 mm。直径比 $\beta=d/D$ 应始终大于或等于 0.10,小于或等于 0.75。在上述极限值内,用户可根据需要选择。节流孔直径 d 值应取相互间角度大致相等的至少 4 个直径测量结果的平均值,各直径彼此以近似相等的角度分布。测量时应注意不要损伤边缘和孔口。节流孔应为圆筒形,任何一条直径的值与直径平均值之差都不应大于直径平均值的 0.05%。当所有被测直径长度差都符合被测直径平均值要求时,就认为满足要求。在任何情况下,节流孔圆筒形部分的粗糙度都应不影响边缘锐度的测量。

(2)喷嘴结构

① 喷嘴一般形状要求:喷嘴由圆弧廓形的收缩部分和圆筒形喉部组成。喷嘴在管道内的部分是圆形的。图 2.2 所示为 ISA 1932 喷嘴喉部轴线平面的截面图。

② 喷嘴结构:一个垂直于中心线的平面入口部分 A;一个由 B 和 C 两段圆弧构成的收缩段;一个圆筒形喉部 E;一个任选的护槽 F(只用于防止边缘 G 受损)。平面入口部分 A 是由直径为 $1.5d$ 且与旋转轴同心的圆周和直径为 D 的管道内部圆周限定的。当 $d=2D/3$ 时,此平面部分的径向宽度为 0。当 $d>2D/3$ 时,管道内的喷嘴上游端面就不包括平面入口部分。在此情况下,喷嘴将按照 $D>1.5d$ 时的要求进行加工,然后将平面入口部分切平,使收缩廓形的最大直径恰好等于 D。当 $d<2D/3$ 时,圆弧 B 的半径 R_1 等于 $0.2d\pm0.02d$(对于 $\beta<0.5$)和 $0.2d\pm0.006d$(对于 $\beta\geqslant0.5$)时,圆弧 B 与平面入口部分 A 相切,圆心距平面入口部分 $0.2d$,距轴线 $0.75d$。圆弧 C 与圆弧 B 及喉部 E 相切,其半径 R_2 等于 $d/3\pm0.033d$(对于 $\beta<0.5$)和 $d/3\pm0.01d$(对于 $\beta\geqslant0.5$),其圆心距轴线 $d/2+d/3=5d/6$,距平面入口部分 A 为

$$a_n = \left(\frac{12+\sqrt{39}}{60}\right)d = 0.3041d$$

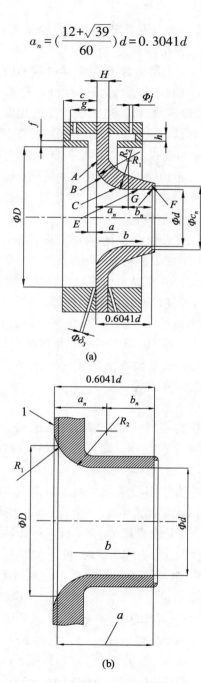

(a)

(b)

图 2.2　ISA 1932 喷嘴

（3）长径喷嘴的结构

长径喷嘴分为两种：高比值喷嘴（$0.25 \leqslant \beta \leqslant 0.8$）和低比值喷嘴（$0.2 \leqslant$ $\beta \leqslant 0.5$）。当 β 值介于 $0.25 \sim 0.50$ 之间时，可采用任意一种喷嘴。这两种喷嘴都由 1/4 椭圆状收缩入口部分和圆筒形喉部组成，喷嘴在管道内的部分是圆形，但取压口的洞孔处可能例外，如图 2.3 所示。

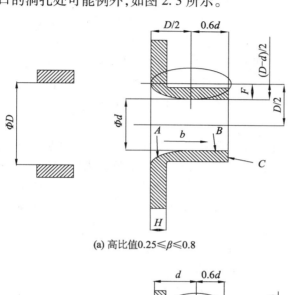

(a) 高比值 $0.25 \leqslant \beta \leqslant 0.8$

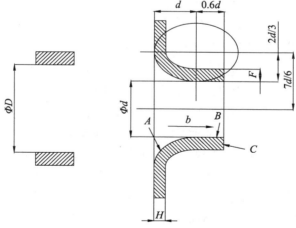

(b) 低比值 $0.2 \leqslant \beta \leqslant 0.5$

图 2.3　长径喷嘴

① 高比值喷嘴的廓形。高比值喷嘴包括一个收缩段 A、一个圆筒形喉部 B 和一个平面端部 C。

收缩段 A 为 1/4 椭圆形,椭圆中心距轴线 $D/2$。椭圆的长轴平行于轴线,长半轴的值为 $D/2$,短半轴的值为 $(D-d)/2$。收缩段的廓形应借助样板进行检验。垂直于轴线的同一平面上,收缩段的两个直径之差不得大于它们的平均值的 0.1%。

喉部 B 的直径为 d,长度为 $0.6d$。喉部直径 d 值应取轴向平面上至少 4 个直径测量值的平均值,各直径彼此以近似相等的角度分布。喉部应为圆筒形,任何一个横截面的直径与直径平均值之差不得大于 0.05%。应测量足够数量的横截面,以便能确定流动方向上无喉部扩张现象;在规定的不确定度之内可有轻微的收缩。在最靠近出口部分,这一点尤其重要。当任何一个被测直径的长度偏差均符合上述与平均值的偏差要求时,即认为喉部为圆筒形。

管壁与喉部外表面的间距应大于或等于 3 mm。厚度 H 应大于或等于 3 mm,并小于或等于 $0.15D$。喉部的厚度 F 应大于或等于 3 mm,除非 $D \leqslant 65$ mm,此时 F 应大于或等于 2 mm。厚度 H 与喉部厚度 F 应足以防止机械应力造成变形。内表面的粗糙度 $Ra \leqslant 10^{-4}d$。下游(外侧)表面形状不作规定,但应符合前面的要求。

② 低比值喷嘴的廓形规定。除符合高比值喷嘴的要求外,收缩入口 A 为 1/4 椭圆形,椭圆中心距轴线 $d/2+2d/3=7d/6$。椭圆的长轴平行于轴线,长半轴的值为 d,短半轴的值为 $2d/3$。

2.2.2 取压口的结构形式

每种节流式流量计至少应在某一标准位置上安装一个上游取压口和一个下游取压口,即 D 和 $D/2$、法兰或者角接取压口。

本书研究的孔板流量计、喷嘴流量计和长径喷嘴流量计都为角接取压,以孔板流量计为例,取压口的轴线与孔板各相应端面之间的间距等于取压口本身直径的 1/2 或取压口本身宽度的 1/2。这样,取压口贯穿管壁处就与孔板端面平齐了。取压口可以是单独钻孔取压口,也可以是环隙。这两种形式的取压口可位于管道、管道法兰或者加持环上。单个节流件可与几套取压口配合使用,但为了避免相互干扰,节流件上的几套取压口相互之间应至少偏移 30°。取压口的位置是标准节流式流量计的形式特征。

对于单独钻孔取压口的直径(a)和环隙宽度(a),主要根据防止偶然阻塞及取得良好动态特性的需要确认。对于清洁流体和蒸汽,$\beta \leqslant 0.65$ 时,$0.005D \leqslant a \leqslant 0.03D$;$\beta > 0.65$ 时,$0.01D \leqslant a \leqslant 0.02D$。如果 $D < 100$ mm,则 a 值达到 2 mm 对于任意 β 值都是可接受的。任意 β 值下,对于清洁流体,1 mm $\leqslant$

$a \leqslant 10$ mm；对于蒸汽(用环室时)，1 mm $\leqslant a \leqslant 10$ mm；对于蒸汽和液化气体，用单独钻孔取压口时，4 mm $\leqslant a \leqslant 10$ mm。

环隙通常在整个圆周上穿通管道，连续而不中断，否则每个环室应至少由 4 个开孔与管道内部连通。每个开孔的轴线彼此互成等角，每个开孔的面积至少为 12 mm^2。夹持环的内径 b 应大于或者等于管道直径，以保证它不致突入管道内，但应小于或者等于 $1.04D$，并满足条件

$$\frac{b-D}{D} \times \frac{c}{D} \times 100 < \frac{0.1}{0.1 + 2.3\beta^4} \tag{2.15}$$

上游夹持环和下游夹持环的长度 c 和 c' 应不大于 $0.5D$。环隙厚度 f 应大于或者等于环隙宽度 a 的 2 倍。环室的横截面积 gh 应大于或者等于连通环室与管道内部的开孔总面积的 $1/2$。夹持环接触被测流体的表面应清洁，并有良好的加工粗糙度。连接环室与二次装置的取压口是管壁取压口，穿透处应为圆形，直径在 $4 \sim 10$ mm 之间。上游夹持环和下游夹持环不必彼此对称，但两者均应符合上述规定。

2.3 节流式流量计的制造要求

2.3.1 节流式流量计制造的一般要求

节流式流量计(壳体)制造单位应取得特种设备制造许可证，许可项目为压力管道元件制造-元件组合装置-流量计壳体。制造单位应按照 TSG 07-2019《特种设备生产和充装单位许可规则》的要求建立并且有效实施与许可范围相适应的质量保证体系、安全管理制度等，具备保障特种设备安全性能的技术能力。节流式流量计(壳体)的制造过程需要进行监督检验，监督检验的具体要求参照 TSG D7006-2020《压力管道监督检验规则》进行，节流式流量计(壳体)外委制造的，其制造单位应当取得特种设备制造许可证，并提供壳体监检证书。

节流式流量计制造单位在制造新产品时还应申请计量器具型式批准。

2.3.2 节流式流量计选材要求

为了确保流量计的长期稳定性，节流件选择材料时，应考虑物理性能、耐腐蚀性能、耐磨性能和抗氧化性能优良的材料，一般节流件宜选用 304 或者其他不锈钢材料，并应有质量证明书，当流量计制造单位从非材料制造单位取得流量计壳体用材料时，应当取得材料制造单位提供的质量证明书原件或者加盖材料供应单位检验公章和经办人章的复印件，流量计制造单位应当对所

取得的壳体材料及质量证明书的真实性和一致性负责,用于制造流量计壳体的材料选用可参考表2.1和表2.2。

取样管材料一般与流量计壳体材料一致,并按照流量计壳体材料要求提供质量证明书。

对于长径喷嘴流量计,采用挡圈对长径喷嘴进行轴向固定,采用螺钉(销)对长径喷嘴进行环向固定,其螺钉(销)材料、挡圈材料应与测量管材料一致。

焊接材料应根据钢材的化学成分、力学性能、使用工况条件和焊接工艺评定结果选用,焊接材料的选用可参照 NB/T47015-2011《压力容器焊接规程》的相关规定。

表2.1　长径喷嘴流量计壳体材料选用

设计压力/MPa	设计温度/℃	材质	规范
4.2	455	15CrMoG	GB5310-2017
5.3	490	15CrMoG	GB5310-2017
9.81	545	12Cr1MoVG	GB5310-2017
9.81	545	10CrMo910	DIN17175
13.73	545	12Cr1MoVG	GB5310-2017
13.73	545	10CrMo910	DIN17175

表2.2　焊接孔板和喷嘴流量计壳体材料选用

设计压力/MPa	设计温度/℃	材质	规范
4.2	455	15CrMoG	GB5310-2017
5.3	490	15CrMoG	GB5310-2017
9.81	545	12Cr1MoVG	GB5310-2017
9.81	545	10CrMo910	DIN17175
13.73	545	12Cr1MoVG	GB5310-2017
13.73	545	10CrMo910	DIN17175
17.15	230	20G	GB5310-2017
17.15	230	st45.8/Ⅲ	DIN17175
22.56	257	st45.8/Ⅲ	DIN17175
22.56	257	20G	GB5310-2017
24.6	285	20G	GB5310-2017
24.6	285	st45.8/Ⅲ	DIN17175

续表

设计压力/MPa	设计温度/℃	材质	规范
24.6	285	A106B	ASTM A 106
28	285	20G	GB5310-2017
28	285	st45.8/Ⅲ	DIN17175
28	285	A106B	ASTM A 106
37	285	20G	GB5310-2017
37	285	WB36	DIN17175
37	285	A106C	ASTM A 106

2.3.3 节流式流量计的结构设计要求

制造单位可以自行设计节流式流量计(壳体),也可以委托具有相应压力管道设计资质的单位进行设计。

用于电站锅炉范围内的带环焊缝的节流式流量计(壳体),应经锅炉设计文件鉴定机构书面同意。

节流件与取压口的制造要求见本章"2.2.1 节流件的结构形式"和"2.2.2 取压口的结构形式"。

测量管的最短上游和下游直管段长度不得小于 GB/T 2624-2006《用安装在圆形截面管道中差压装置测量满管流体流量》系列标准有关规定。

一体式测量管和挡圈式测量管采用螺钉(销)固定长径喷嘴时,螺钉(销)数量一般不少于 3 个。

节流式流量计(壳体)的名义厚度不得小于设计厚度。

当节流式流量计(壳体)的强度计算按照 GB/T 20801.3-2020《压力管道规范 工业管道 第 3 部分:设计和计算》;电站锅炉范围内的节流式流量计(壳体)的强度计算应按照 GB/T 16507.4-2013《水管锅炉 第 4 部分:受压元件强度计算》;当流量计壳体,如夹持环等存在不连续结构,无法按照相关标准尺寸结构计算时,可采用有限元法进行计算和评定。

2.3.4 节流式流量计制造质量控制

(1)流量计材料控制

节流式流量计制造单位应对入厂的铬钼合金钢、不锈钢等材料进行化学成分光谱分析,并应做好标识;电站锅炉范围内的合金钢制流量计(壳体),应100%进行光谱分析复验;对测量管、夹持环采用超声波测厚方法进行壁厚复验。

（2）流量计加工尺寸

测量管、夹持环外表面应光滑，不应有裂纹、重皮、夹杂、凹坑、划伤、腐蚀等缺陷。测量管、夹持环形状公差与尺寸公差，节流件的加工精度应符合GB/T 2624-2006《用安装在圆形截面管道中差压装置测量满管流体流量》系列标准有关规定。未注公差线性尺寸的极限偏差按 GB/T 1804-2000《一般公差　未标注公差的线性和角度尺寸的公差》的规定，具体要求：① 机械加工件不低于 m 级；② 非机械加工件不低于 c 级。对接焊缝式测量管对接接头焊缝高度不应低于母材，其余高不大于 2 mm。

（3）流量计组装

测量管、夹持环在组装前均应检查合格，且不准强力组装。取压管的组装应符合图样要求。

（4）焊接要求

从事孔板流量计施焊工作的焊工，应按 TSG Z6002-2010《特种设备焊接操作人员考核细则》的规范要求进行考核，并取得相应项目的焊接资格。孔板流量计所有焊缝的焊接应采用经评定合格的焊接工艺，制造单位应对焊接工艺严格管理。焊接工艺评定及试验方法应按 NB/T 47014-2011《承压设备焊接工艺评定》的标准执行。焊接设备的电流表、电压表等仪器仪表，以及规范参数调节装置应当定期检定和校验，否则不得用于焊接。对焊接环境应当严格控制，焊接环境应符合 NB/T47015-2011《压力容器焊接规程》的有关规定。施焊时，不得在非焊接处引弧。坡口的形状和尺寸，应符合图样规定，坡口表面应清洁、光滑，不得有裂纹、分层和夹杂等缺陷。如果焊接存在缺陷，返修前应分析缺陷产生的原因，制订相应的返修措施。焊缝返修应按评定合格的返修工艺进行。同一部位的返修超过 2 次时，应考虑对焊接工艺进行调整，重新制订返修措施，经制造单位技术负责人批准后方可进行返修。焊缝不允许咬边，焊接接头不得有表面裂纹、表面气孔、弧坑、未焊透、未熔合、未填满现象和肉眼可见的夹渣等缺陷，焊接接头两侧的飞溅物应清除干净。

（5）热处理

对接焊缝式测量管对接接头焊接完成后，应按照设计图纸的要求进行热处理。对接焊缝式测量管对接接头热处理过程中需保证流量计的计量精度。当焊接接头存在超标缺陷时，应进行返修，返修后的焊接接头应采用原检测方法进行重新检测。若在热处理之后进行返修，在返修后应重新进行热处理。

（6）无损检测

无损检测人员应当按照有关安全技术规范进行考核，取得资格证书后，方可从事相应方法和技术等级的无损检测工作。无损检测方法可采用射线（RT）、超声（UT）、超声衍射时差（TOFD）、磁粉（MT）、渗透（PT）、涡流（ET）等检测方法。制造单位应当根据设计、工艺及其相关技术条件选择检测方法并制订相应的检测工艺。铁磁性材料进行表面检测时优先采用磁粉检测。焊接接头的无损检测应当在形状尺寸和外观质量检查合格后进行。对接接头应进行 100% 射线或者超声检测，角接接头应进行 100% 表面无损检测。焊接接头的射线检测技术等级不低于 AB 级，焊接接头质量等级不低于 Ⅱ 级。焊接接头的超声检测技术等级不低于 B 级，焊接接头质量等级不低于 Ⅰ 级。焊接接头的衍射时差法超声检测技术等级不低于 B 级，焊接接头质量等级不低于 Ⅱ 级。表面检测的焊接接头质量等级不低于 Ⅰ 级。

如采用多种无损检测方法进行检测，则应当按照各自验收标准进行评定，均合格后，方可认为无损检测合格。

（7）水压试验

制造完工的节流式流量计应按规定进行水压试验。电站锅炉范围内的节流式流量计，对接焊接的部件经过氩弧焊打底，所有焊缝经过 100% 无损检测合格，能够确保焊接质量的，出厂前制造单位可以不单独进行水压试验。水压试验应当在环境温度高于或者等于 5 ℃时进行，低于 5 ℃时应当有防冻措施。试验流体一般应使用洁净水，水中氯离子含量不得超过 50 mg/L。

水压试验应经无损检测合格后进行，试验压力按照 GB/T 20801.3-2020《压力管道规范 工业管道 第 5 部分：检验与试验》执行，电站锅炉范围内的节流式流量计试验压力按照 GB/T 16507.6-2013《水管锅炉 第 6 部分：检验、试验和验收》执行。升压至试验压力后保压 30 min，观察节流式流量计不得有宏观变形、渗漏等现象。返修后的流量计，应重新进行水压试验。试验合格后应立即将水排净吹干。

（8）出厂文件

产品出厂时，制造单位应当提供与安全有关的技术资料。资料至少包括以下内容：计算书；质量证明书，包括产品合格证［含金属材料证明、焊接质量证明、无损检测报告、热处理报告（有要求时）和水压试验证明（进行水压试验时）等］；设计变更资料；监督检验证书。

（9）金属铭牌

产品出厂时，应当在合适部位安装金属铭牌，金属铭牌上应标注部件的名称、产品型式代号、产品编号、监检钢印和制造单位名称。

第3章 节流式流量计使用工况下焊缝应力分析

由于节流式流量计制造时焊缝处存在多处突变,本章有针对性地选择节流式流量计中的几种典型结构——$\Phi273\times20$ 标准喷嘴流量计、$\Phi273\times20$ 标准孔板流量计、$\Phi273\times25$ 标准喷嘴流量计和 $\Phi273\times25$ 长径喷嘴流量计开展使用工况下的应力分析。

本章采用有限元分析。有限元分析(Finite Element Analysis,FEA)是指利用数学近似的方法对真实复杂的物理系统(几何和载荷工况)进行解析,利用简单而又相互作用的元素(即单元),就可以通过有限数量的未知量去逼近无限未知量的真实系统。有限元分析作为一种高效的数值计算方法,早期是以变分原理为基础发展起来的,广泛地应用于"准调和方程"所描述的各类物理场中,众所周知的是拉普拉斯方程和泊松方程。工程实际中遇到的如热传导、复杂结构的强度计算、多孔介质流场、理想液体无旋流动、电势(磁势)分布等物理场的分析都可以运用有限元分析。有限元分析还可以进一步运用到任何方程所描述的各类物理场中。

具体分析采用 ANSYS 有限元软件(版本:18.2)对承压部件进行应力的分析计算。该软件满足 ASME 和 JB 4732-1995(2005)《钢制压力容器——分析设计标准》的要求,是一款分析计算结构强度、传热等问题的常用软件。

3.1 节流式流量计结构与载荷

根据衢州市特种设备检验中心提供的图纸,对节流式流量计进行有限元强度分析计算。

3.1.1 $\Phi273\times20$ 标准喷嘴流量计

该流量计主要承压部件包括前测量管、后测量管、前夹持环、后夹持环和 ISA 932 标准八槽喷嘴。

$\Phi273\times20$ 标准喷嘴流量计装配图如图 3.1 所示。

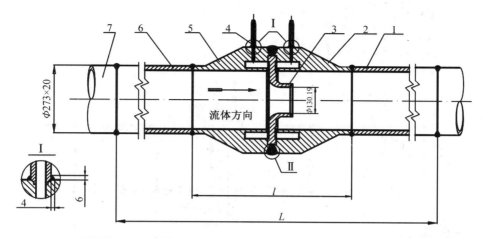

1,6—测量管；2—后夹持环；3—喷嘴；4—取压管；5—前夹持环；7—工艺管道

图 3.1　Φ273×20 标准喷嘴流量计装配图

主要承压部件选用材料和使用条件如下：

前测量管、后测量管材料为 20G；

前夹持环、后夹持环材料为 20G；

八槽喷嘴材料为 S30408；

设计压力为 13.7 MPa；

设计温度为 240 ℃；

工作介质为水；

安装方式为水平；

取压方式为角接取压。

3.1.2　Φ273×20 标准孔板流量计

该流量计主要承压部件包括前测量管、后测量管、前夹持环、后夹持环和标准八槽孔板。

Φ273×20 标准孔板流量计装配图如图 3.2 所示。

主要承压部件选用材料和使用条件如下：

前测量管、后测量管材料为 12Cr1MoVG；

前夹持环、后夹持环材料为 12Cr1MoVG；

八槽孔板材料为 1Cr18Ni9Ti；

设计压力为 9.8 MPa；

设计温度为 540 ℃；

工作介质为过热水蒸气；

安装方式为水平。

取压方式为角接取压。

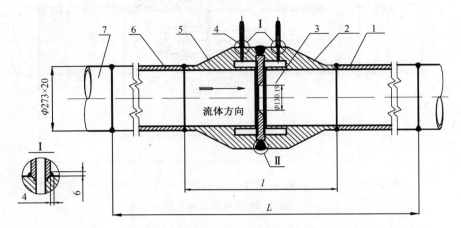

1,6—测量管；2—后夹持环；3—孔板；4—取压管；5—前夹持环；7—工艺管道

图 3.2　Φ273×20 标准孔板流量计装配图

3.1.3　Φ273×25 标准喷嘴流量计

该流量计主要承压部件包括前测量管、后测量管、前夹持环、后夹持环和 ISA 932 标准八槽喷嘴。

Φ273×25 标准喷嘴流量计装配图如图 3.3 所示。

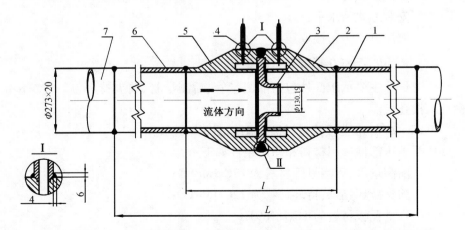

1,6—测量管；2—后夹持环；3—喷嘴；4—取压管；5—前夹持环；7—工艺管道

图 3.3　Φ273×25 标准喷嘴流量计装配图

主要承压件选用材料和使用条件如下：

前测量管、后测量管材料为 12Cr1MoVG；

前夹持环、后夹持环短接材料为 12Cr1MoVG；

八槽喷嘴材料为 S30408；

设计压力为 9.81 MPa；

设计温度为 540 ℃；

工作介质为过热水蒸气；

安装方式为水平；

取压方式为角接取压。

3.1.4　Φ273×25 长径喷嘴流量计

该流量计主要承压部件包括测量管和长径喷嘴。

Φ273×25 长径喷嘴流量计装配图如图 3.4 所示。

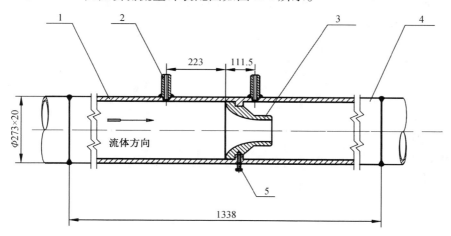

1—测量管；2—取压管；3—长径喷嘴；4—工艺管道；5—销钉

图 3.4　Φ273×25 长径喷嘴流量计装配图

主要承压件选用材料和使用条件如下：

测量管材料为 12Cr1MoVG；

八槽喷嘴材料为 S30408；

设计压力为 9.81MPa；

设计温度为 540 ℃；

工作介质为过热水蒸气；

安装方式为水平；

取压方式为角接取压。

3.2 分析数据

3.2.1 几何参数

Φ273×20 标准喷嘴流量计测量管外径为 273 mm,壁厚为 20 mm。

Φ273×20 标准孔板流量计测量管外径为 273 mm,壁厚为 20 mm。

Φ273×25 标准喷嘴流量计测量管外径为 273 mm,壁厚为 25 mm。

Φ273×25 长径喷嘴流量计测量管外径为 273 mm,壁厚为 25 mm。

节流件均符合 GB/T 2624.2-2006 及 GB/T 2624.3-006 标准的相关要求。

3.2.2 节流式流量计主要技术参数

根据衢州市特种设备检验中心提供的资料,将节流式流量计主要技术参数列于表 3.1 中。

表 3.1 节流式流量计主要技术参数

类型	Φ273×20 标准喷嘴流量计	Φ273×20 标准孔板流量计	Φ273×25 标准喷嘴流量计	Φ273×25 长径喷嘴流量计
设计压力/MPa	13.7	9.8	9.81	9.81
设计温度/℃	240	540	540	540
介质	水	过热水蒸气	过热水蒸气	过热水蒸气
材料	测量管:20G 节流件:S30408	测量管:12Cr1MoVG 节流件:1Cr18Ni9Ti	测量管:12Cr1MoVG 节流件:S30408	测量管:12Cr1MoVG 节流件:S30408

3.2.3 节流式流量计材料性能

根据 GB 150-2011《压力容器》标准,20G、12Cr1MoVG、S30408、1Cr18Ni9Ti 材料的弹性模量如表 3.2 所示。

表 3.2 材料的弹性模量 MPa

温度/℃	材料			
	20G	12Cr1MoVG	S30408	1Cr18Ni9Ti
20	204	204	195	195
100	200	200	189	189
150	197	197	186	186
200	193	193	183	183
250	190	190	179	179
300	186	186	176	176
350	183	183	172	172
400	179	179	169	169
450	174	174	165	165
500	169	169	160	160

根据 GB 150—2011 标准,20G、12Cr1MoVG、S30408、1Cr18Ni9Ti 材料的平均线膨胀系数如表 3.3 所示。

表 3.3 材料的平均线膨胀系数 $\times 10^{-5}/℃$

温度/℃	材料			
	20G	12Cr1MoVG	S30408	1Cr18Ni9Ti
20	1.076	1.076	1.628	1.628
100	1.112	1.112	1.654	1.654
150	1.153	1.153	1.684	1.684
200	1.188	1.188	1.706	1.706
250	1.225	1.225	1.726	1.726
300	1.256	1.256	1.742	1.742
350	1.290	1.290	1.761	1.761
400	1.324	1.324	1.779	1.779
450	1.358	1.358	1.799	1.799
500	1.393	1.393	1.819	1.819

根据 GB 150—2011 标准,20G、12Cr1MoVG、S30408、1Cr18Ni9Ti 材料的屈服强度如表 3.4 所示。

表 3.4 材料的屈服强度   MPa

温度/℃	材料			
	20G	12Cr1MoVG	S30408	1Cr18Ni9Ti
20	235	255	210	210
100	210	230	174	174
150	200	215	156	156
200	186	200	144	144
250	167	190	135	135
300	153	176	127	127
350	139	167	123	123
400	124	157	119	120
450	111	150	114	117
500	—	142	111	114
550	—	135	106	111

结构中,材料 20G 在设计温度 240 ℃下的许用应力 S_{m1} = 113.6 MPa。

结构中,材料 12Cr1MoVG 在设计温度 540 ℃下的许用应力为 S_{m2} = 68.2 MPa。

结构中,材料 S30408 在设计温度 540 ℃下的许用应力为 S_{m3} = 79.4 MPa。

结构中,材料 1Cr18Ni9Ti 在设计温度 540 ℃下的许用应力为 S_{m4} = 63.4 MPa。

结构中,材料 S30408 在设计温度 240 ℃下的许用应力为 S_{m5} = 105.4 MPa。

3.3 节流式流量计应力分析模型的建立

3.3.1 数学模型

3.3.1.1 温度场数学模型

圆柱坐标系下,在内热源且各向同性时,三维非稳态的导热微分方程为

$$\rho c \frac{\partial T}{\partial \tau} = \frac{1}{r} \frac{\partial}{\partial r}\left(\lambda r \frac{\partial T}{\partial r}\right) + \frac{1}{r^2} \frac{\partial}{\partial \varphi}\left(\lambda \frac{\partial T}{\partial \varphi}\right) + \frac{\partial}{\partial z}\left(\lambda \frac{\partial T}{\partial z}\right) \tag{3.1}$$

式中:T 为流量计某一时刻的温度函数,K;τ 为时间,s;ρ 为密度,kg/m³;C 为比热容,J/(kg·K);λ 为导热系数,W/(m·K)。

对流量计进行分析一般用到三类边界条件:

● 第一类边界条件,即已知工质的温度 T_f 与对流换热系数 h,可表示为

$$-\lambda \left.\frac{\partial T}{\partial n}\right|_{\Gamma} = h(T - T_f) \tag{3.2}$$

初始条件即初始时刻流量计整体的温度分布,可表示为

$$T|_{t=0} = \phi(x,y,z) \tag{3.3}$$

式中: $\phi(x,y,z)$ 为初始时刻流量计的整体温度,K。

● 第二类边界条件,即已知边界的温度,可表示为

$$T|_{\Gamma} = f(x,y,z,\tau) \tag{3.4}$$

式中: Γ 为流量计的边界; $f(x,y,z,\tau)$ 为已知的壁面温度,K。

● 第三类边界条件,即已知边界上的热流密度,可表示为

$$q|_r = -\lambda \left.\frac{\partial T}{\partial n}\right|_r = q(x,y,z,\tau) \tag{3.5}$$

式中: n 为流量计外法线方向; $q(x,y,z,\tau)$ 为已知的壁面热流密度,W/m^2。

3.3.1.2　弹性力学基本方程

（1）平衡方程

$$\begin{cases} \dfrac{\partial \sigma_x}{\partial x} + \dfrac{\partial \tau_{xy}}{\partial y} + \dfrac{\partial \tau_{xz}}{\partial z} + X = 0 \\[2mm] \dfrac{\partial \tau_{yx}}{\partial x} + \dfrac{\partial \sigma_y}{\partial y} + \dfrac{\partial \tau_{yz}}{\partial z} + Y = 0 \\[2mm] \dfrac{\partial \tau_{zx}}{\partial x} + \dfrac{\partial \tau_{zy}}{\partial y} + \dfrac{\partial \sigma_z}{\partial z} + Z = 0 \end{cases} \tag{3.6}$$

式中: $\sigma_x,\sigma_y,\sigma_z$ 为直角坐标下的各向正应力,Pa; $\tau_{xy},\tau_{xz},\tau_{yx},\tau_{yz},\tau_{zx},\tau_{zy}$ 为切应力,Pa。

（2）几何方程

$$\begin{cases} \varepsilon_x = \dfrac{\partial u}{\partial x}, \gamma_{xy} = \dfrac{\partial u}{\partial y} + \dfrac{\partial v}{\partial x} \\[2mm] \varepsilon_y = \dfrac{\partial v}{\partial y}, \gamma_{yz} = \dfrac{\partial v}{\partial z} + \dfrac{\partial w}{\partial y} \\[2mm] \varepsilon_z = \dfrac{\partial w}{\partial z}, \gamma_{zx} = \dfrac{\partial w}{\partial x} + \dfrac{\partial u}{\partial z} \end{cases} \tag{3.7}$$

式中: $\varepsilon_x,\varepsilon_y,\varepsilon_z$ 为直角坐标下的各向应变; u,v,w 为直角坐标下的各向位移,m。

（3）物理方程

$$\begin{cases} \varepsilon_x = \dfrac{1}{E}[\sigma_x - \mu(\sigma_y + \sigma_z)] + \alpha T, \gamma_{xy} = \dfrac{1}{G}\tau_{xy} \\[2mm] \varepsilon_y = \dfrac{1}{E}[\sigma_y - \mu(\sigma_z + \sigma_x)] + \alpha T, \gamma_{yz} = \dfrac{1}{G}\tau_{yz} \\[2mm] \varepsilon_z = \dfrac{1}{E}[\sigma_z - \mu(\sigma_x + \sigma_y)] + \alpha T, \gamma_{zx} = \dfrac{1}{G}\tau_{zx} \end{cases} \tag{3.8}$$

式中：u, v, w 为直角坐标下的各向位移，m；α 为热膨胀系数，K^{-1}；E 为弹性模量，Pa；μ 为泊松比；G 为剪切弹性模量，Pa。

根据流量计结构图，采用 SolidWorks 软件构建出三维模型，图 3.5 至图 3.7 为 $\Phi273\times20$ 标准喷嘴流量计计算模型（以下简称"模型"），该模型彩图及其他三种流量计模型请扫右侧二维码查看。将模型导入 ANSYS Workbench 中，使用 N–mm–MPa 单位制。根据流量计的实际工况，在流量计的内部加载流量计设计温度，外部环境温度为 20 ℃，从而计算得到流量计的温度场分布。把计算得到的温度场导入应

四种流量计
模型彩图

力场之中，加载内部的压力载荷为流量计设计压力，一端固定约束，另一端受载约束，得到流量计的应力场分布图。

考虑结构和载荷的对称性，建立 1/2 模型。必须指出本次应力分析仅为静力分析。

模型采用 ANSYS 提供的三维等参单元（Solid186）。该单元用于三维建模的结构。单元由 20 个节点定义，每个节点有 3 个自由度，分别是 X, Y 和 Z 三个方向。

模型包括测量管、节流件和焊缝。节流件和测量管保留 0.1 mm 的缝隙，并按摩擦接触问题计算。焊缝按不锈钢材质计算。

模型一：$\Phi273\times20$ 标准喷嘴流量计模型共计有单元数 599508 个，节点数 2574801 个，离散化的有限元网格图如图 3.8 至图 3.10 所示（彩图请扫下方二维码查看）。

模型二：$\Phi273\times20$ 标准孔板流量计模型共计有单元数 545481 个，节点数 2350307 个，离散化的有限元网格图请扫下方二维码查看。

模型三：$\Phi273\times25$ 标准喷嘴流量计模型共计有单元数 603016 个，节点数 2580182 个，离散化的有限元网格图请扫下方二维码查看。

模型四：$\Phi273\times25$ 长径喷嘴流量计模型共计有单元数 595896 个，节点数 2534289 个，离散化的有限元网格图请扫下方二维码查看。

模型一离散化的　模型二离散化的　模型三离散化的　模型四离散化的
有限元网格图　　有限元网格图　　有限元网格图　　有限元网格图

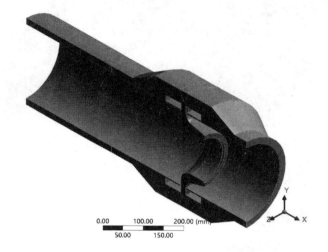

图 3.5　Φ273×20 标准喷嘴流量计模型

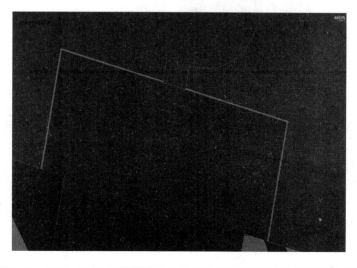

图 3.6　Φ273×20 标准喷嘴流量计模型(焊缝与喷嘴连接处局部放大)

图 3.7　$\Phi273\times20$ 标准喷嘴流量计模型（焊接接头附近局部放大）

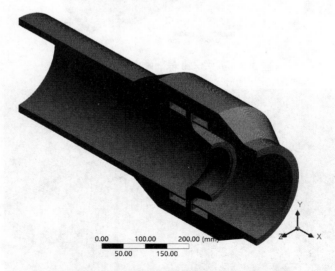

图 3.8　$\Phi273\times20$ 标准喷嘴流量计模型有限元网格图

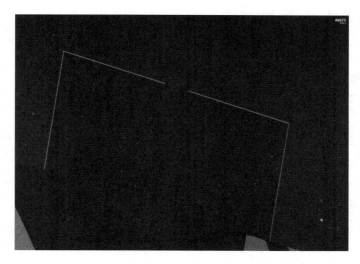

图 3.9　Φ273×20 标准喷嘴流量计模型有限元网格图(焊缝与喷嘴连接处局部放大)

图 3.10　Φ273×20 标准喷嘴流量计模型有限元网格图(焊缝接头附近局部放大)

3.3.2　计算载荷

（1）Φ273×20 标准喷嘴流量计

工况 1:设计压力

设计压力　　　　　　　　　　　　13.7 MPa

工况2：设计压力+设计温度

    设计压力   13.7 MPa

    设计温度   240 ℃

（2）Φ273×20 标准孔板流量计

工况1：设计压力

    设计压力   9.8 MPa

工况2：设计压力+设计温度

    设计压力   9.8 MPa

    设计温度   540 ℃

（3）Φ273×25 标准喷嘴流量计

工况1：设计压力

    设计压力   9.81 MPa

工况2：设计压力+设计温度

    设计压力   9.81 MPa

    设计温度   540 ℃

（4）Φ273×25 长径喷嘴流量计

工况1：设计压力

    设计压力   9.81 MPa

工况2：设计压力+设计温度

    设计压力   9.81 MPa

    设计温度   540 ℃

3.3.3　边界条件

四种节流式流量计模型边界条件

管道端部在 X 方向、Y 方向和 Z 方向进行约束，确保模型不发生刚体位移；对称面上加对称约束；结构内表面施加内压，不加位移一侧接管端面上施加由内压引起的等效轴向拉应力。温度按均匀温度场施加。Φ273×20 标准喷嘴流量计模型边界条件如图 3.11 至图 3.14 所示（四种节流式流量计模型边界条件彩图请扫右侧二维码查看）。

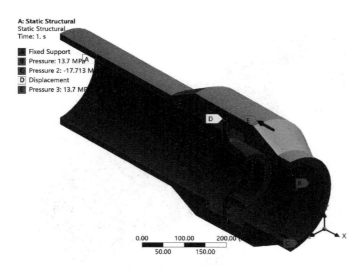

图 3.11　Φ273×20 标准喷嘴流量计模型边界条件

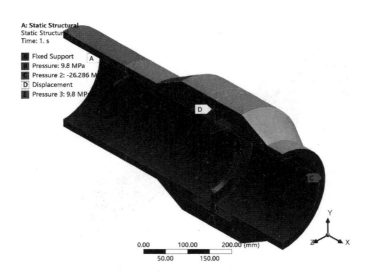

图 3.12　Φ273×20 标准孔板流量计模型边界条件

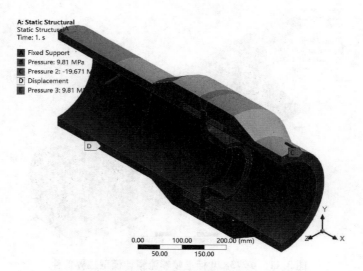

图 3.13　Φ273×25 标准喷嘴流量计模型边界条件

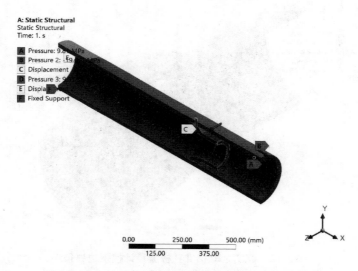

图 3.14　Φ273×25 长径喷嘴流量计模型边界条件

3.4　节流式流量计焊缝的应力分析

3.4.1　应力分析说明

ANSYS 计算结果云图中部分符号说明如下：

Equivallent ＝等效应力强度　　　　　　　　　　　　　　　　　（MPa）

$$= \frac{1}{\sqrt{2}} \sqrt{(\sigma_1 - \sigma_2)^2 + (\sigma_2 - \sigma_3)^2 + (\sigma_3 - \sigma_1)^2}$$

Max＝最大节点应力　　　　　　　　　　　　　　　　　　　　（MPa）
Min＝最小节点应力　　　　　　　　　　　　　　　　　　　　（MPa）

3.4.2　$\Phi 273 \times 20$ 标准喷嘴流量计焊缝应力分析

（1）工况 1（无温度载荷工况）应力分析

工况 1 条件下，流量计应力强度云图如图 3.15 至图 3.19 所示。模型中，最大应力强度出现在前后夹持环和节流件的焊缝根部，最大应力强度为 135.35 MPa，如图 3.15 至图 3.17 所示。

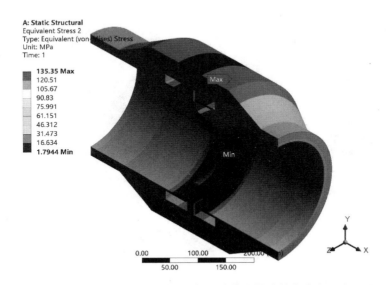

图 3.15　工况 1 条件下，$\Phi 273 \times 20$ 标准喷嘴流量计整体应力强度云图

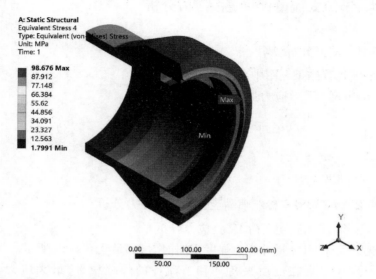

图 3.16　工况 1 条件下,Φ273×20 标准喷嘴流量计前夹持环应力强度云图

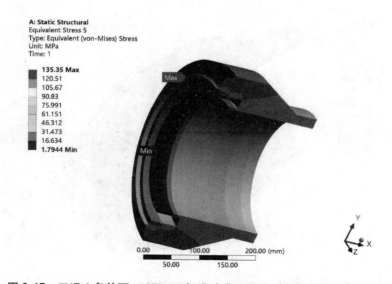

图 3.17　工况 1 条件下,Φ273×20 标准喷嘴流量计后夹持环应力强度云图

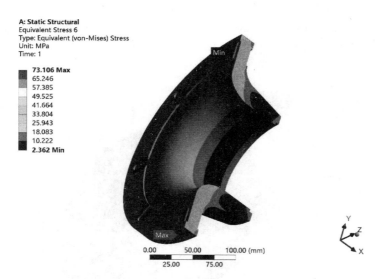

图 3.18　工况 1 条件下，Φ273×20 标准喷嘴流量计喷嘴应力强度云图

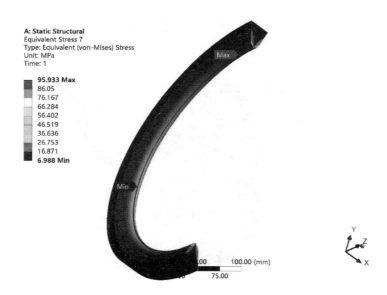

图 3.19　工况 1 条件下，Φ273×20 标准喷嘴流量计焊缝应力强度云图

（2）工况 2（有温度载荷工况）应力分析

工况 2 条件下，流量计应力强度云图如图 3.20 至图 3.24 所示。模型中，最大应力强度出现在如图 3.20、图 3.22 所示前后夹持环和节流件的焊缝根部，最大应力强度为 768.72 MPa。

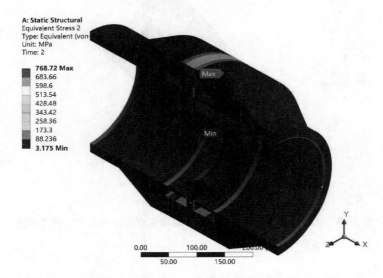

图 3.20　工况 2 条件下，Φ273×20 标准喷嘴流量计整体应力强度云图

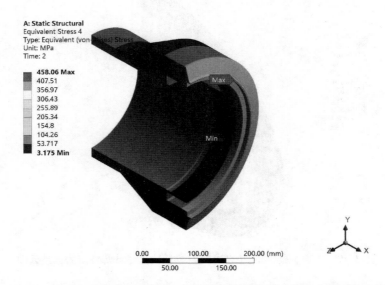

图 3.21　工况 2 条件下，Φ273×20 标准喷嘴流量计前夹持环应力强度云图

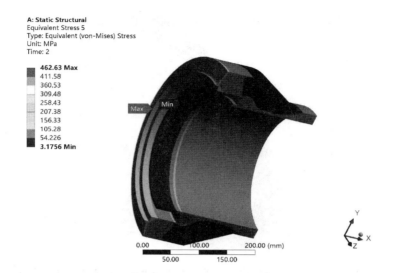

图 3.22 工况 2 条件下，Φ273×20 标准喷嘴流量计后夹持环应力强度云图

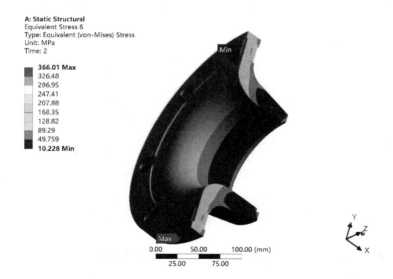

图 3.23 工况 2 条件下，Φ273×20 标准喷嘴流量计喷嘴应力强度云图

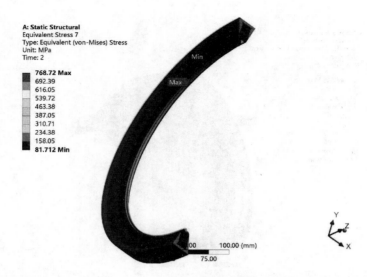

图 3.24　工况 2 条件下，$\Phi273\times20$ 标准喷嘴流量计焊缝应力强度云图

（3）$\Phi273\times20$ 标准喷嘴流量计应力分布

沿流量计轴向选取各截面的最大等效应力，获得流量计应力强度轴向分布图如图 3.25 所示。

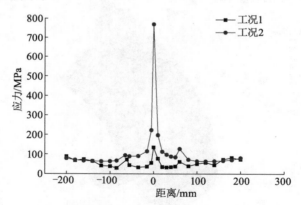

图 3.25　$\Phi273\times20$ 标准喷嘴流量计应力强度轴向分布图

应力分布图显示，焊缝处在没有温度载荷时，应力强度处于相对较低的水平，它表明一次应力处于较低水平。而在加载了温度载荷后，由于是异种钢焊接，焊缝处应力强度水平明显大幅上升。加载了温度载荷后，热应力被焊缝根部缝隙的应力集中放大。工况 2 和工况 1 的最大应力强度之比为 5.68：1，热载荷在焊缝根部引起的二次应力大于材料许用应力的 3 倍，因此，焊缝根部处于不安定状态,这一类型流量计在选型设计中必须考虑温度载荷交变引起的疲劳失效。

（4）Φ273×20 标准喷嘴流量计强度评估

Φ273×20 标准喷嘴流量计在无温度载荷工况下,最大应力强度为 135.35 MPa,小于 1.5 倍的许用应力,测量管的应力强度也小于许用应力,表明流量计的一次应力满足设计规范要求。

由于最大应力强度发生在应力集中处,因此较难区分该部位的二次应力和峰值应力。考虑到应力分类法的局限性,为避免漏判、误判,采用 ASME"载荷和抗力系数设计"概念的极限分析法,对 Φ273×20 标准喷嘴流量计的强度进行评估。

选择 ANSYS 的双线性等向强化材料模型,20G 钢弹性模量为 1.906×10^5 MPa,正切模量为 1.382×10^2 MPa,屈服强度为 170.8 MPa。S30408 钢弹性模量为 1.798×10^5 MPa,正切模量为 1.677×10^2 MPa,屈服强度为 142.2 MPa。

根据 ASME Ⅷ第 2 分册,得到极限分析的载荷组合和载荷系数。此次分析的载荷系数为 1.5,极限分析法压力为 20.5 MPa。

计算时,采用载荷增量比例加载,共分为 20 步,如表 3.5 所示。图 3.26、图 3.27 给出了第 1 载荷步和第 20 载荷步的应力强度云图。

表 3.5　极限分析的各载荷步载荷

载荷步	压力/MPa	载荷步	压力/MPa
1	1.028	11	11.303
2	2.055	12	12.330
3	3.083	13	13.358
4	4.110	14	14.385
5	5.138	15	15.413
6	6.165	16	16.440
7	7.193	17	17.468
8	8.220	18	18.495
9	9.248	19	19.523
10	10.275	20	20.550

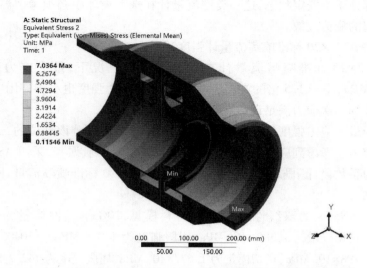

图 3.26 极限载荷法第 1 载荷步,Φ273×20 标准喷嘴流量计应力强度云图

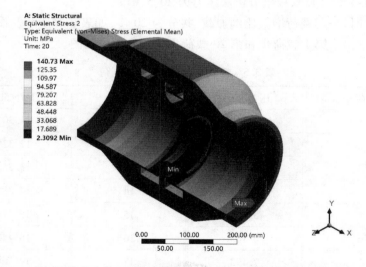

图 3.27 极限载荷法第 20 载荷步,Φ273×20 标准喷嘴流量计应力强度云图

图 3.28 所示为 20 载荷步计算过程中载荷与位移的关系。由图 3.27 和图 3.28 可以看出,载荷与位移呈线性关系,最大变形为 0.092 mm,最大应力强度为 140.73 MPa,发生在测量管道上,且在第 20 载荷步得到了收敛的有限元计算解,即在考虑载荷系数后,计算过程未遇到结构的极限载荷,也未发生

塑性垮塌。因此,该流量计在承受有限次设计载荷时,不会出现垮塌。但是,该类型流量计用于压力载荷和温度载荷交变条件下,极易萌生裂纹,出现疲劳失效。这一判断与该型流量计的实际应用结果是一致的。

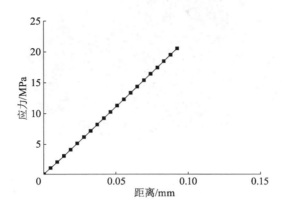

图 3.28 Φ273×20 标准喷嘴流量计计算过程中载荷与位移的关系

3.4.3 Φ273×20 标准孔板流量计焊缝应力分析

(1) 工况 1(无温度载荷工况)应力分析

工况 1 条件下,流量计应力强度云图如图 3.29 至图 3.33 所示。前、后夹持环和节流件的焊缝根部最大应力强度为 69.635 MPa。

(2) 工况 2(温度载荷工况)应力分析

工况 2 条件下,流量计应力强度云图请扫右侧二维码查看。模型中,最大应力强度出现在前、后夹持环和节流件的焊缝根部,最大应力强度为 1179.1 MPa。

(3) Φ273×20 标准孔板流量计应力分布

沿流量计轴向选取各截面的最大等效应力,获得流量计应力强度轴向分布图如图 3.34 所示。应力强度分布图显示,焊缝处在没有温度载荷时,应力强度处于相对较低的水平,这表明一次应力强度处于较低水平。而在加载了温度载荷后,由于是异种钢焊接,焊缝处应力

Φ273×20 标准孔板 流量计在工况 2 下的 应力强度云图

强度水平明显大幅提升。加载了温度载荷后,热应力被焊缝根部缝隙的应力集中放大。工况 2 和工况 1 的最大应力强度之比为 16.92∶1,因此,这一类型流量计在选型设计时必须考虑温度载荷交变引发的疲劳失效。

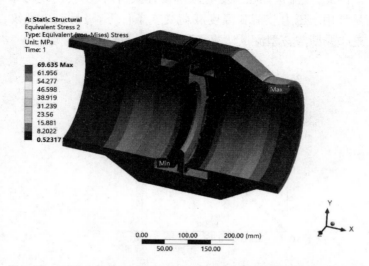

图 3.29　工况 1 条件下，$\Phi273\times20$ 标准孔板流量计整体应力强度云图

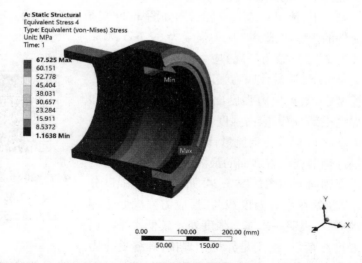

图 3.30　工况 1 条件下，$\Phi273\times20$ 标准孔板流量计前夹持环应力强度云图

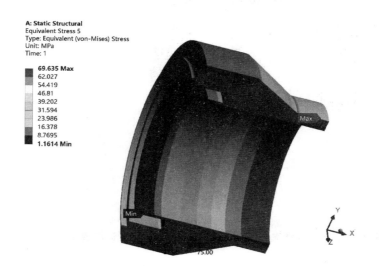

图 3.31　工况 1 条件下，$\Phi273\times20$ 标准孔板流量计后夹持环应力强度云图

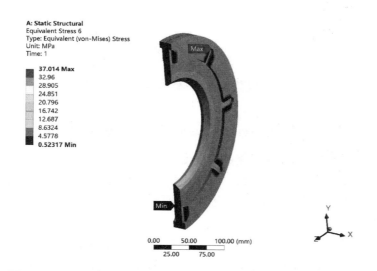

图 3.32　工况 1 条件下，$\Phi273\times20$ 标准孔板流量计孔板应力强度云图

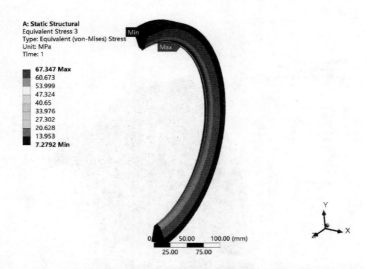

图 3.33　工况 1 条件下, Φ273×20 标准孔板流量计焊缝应力强度云图

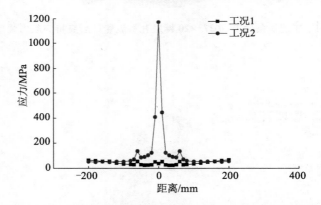

图 3.34　Φ273×20 标准孔板流量计应力强度轴向分布图

（4）Φ273×20 标准孔板流量计强度评估

Φ273×20 标准孔板流量计在无温度载荷工况下, 最大应力强度为 69.635 MPa, 小于 1.5 倍的许用应力, 表明流量计的一次应力满足设计规范要求。

由于最大应力强度发生在应力集中处, 因此较难区分该部位的二次应力和峰值应力。考虑到应力分类法的局限性, 为避免漏判、误判, 采用 ASME "载荷和抗力系数设计" 概念的极限分析法, 对 Φ273×20 标准孔板流量计的强度进行评估。

选择 ANSYS 的双线性等向强化材料模型, 12Cr1MoVG 钢弹性模量为

1.65×10^5 MPa，正切模量为 1.196×10^2 MPa，屈服强度为 136.8 MPa。
1Cr18Ni9Ti 钢弹性模量为 1.568×10^5 MPa，正切模量为 1.462×10^2 MPa，屈服强度为 111.6 MPa。根据 ASME Ⅷ第 2 分册，得到极限分析的载荷组合和载荷系数。此次分析的载荷系数为 1.5，极限分析法压力为 14.7 MPa。

计算时，采用载荷增量比例加载，共分为 20 步，如表 3.6 所示。图 3.35 和图 3.36 给出了第 1 载荷步和第 20 载荷步的应力强度云图。

表 3.6　极限分析的各载荷步载荷

载荷步	压力/MPa	载荷步	压力/MPa
1	0.735	11	8.085
2	1.470	12	8.820
3	2.205	13	9.555
4	2.940	14	10.290
5	3.675	15	11.025
6	4.410	16	11.760
7	5.145	17	12.495
8	5.880	18	13.230
9	6.615	19	13.965
10	7.350	20	14.700

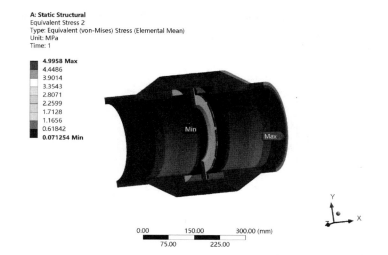

图 3.35　极限载荷法第 1 载荷步，$\Phi 273 \times 20$ 标准孔板流量计应力强度云图

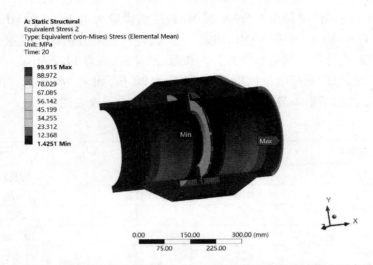

A: Static Structural
Equivalent Stress 2
Type: Equivalent (von-Mises) Stress (Elemental Mean)
Unit: MPa
Time: 20

99.915 Max
88.972
78.029
67.085
56.142
45.199
34.255
23.312
12.368
1.4251 Min

0.00   150.00   300.00 (mm)
      75.00   225.00

图 3.36   极限载荷法第 20 载荷步, $\varPhi$273×20 标准孔板流量计应力强度云图

　　图 3.37 所示为 20 载荷步计算过程中载荷与位移的关系。由图 3.36 和图 3.37 可以看出,载荷与位移呈线性关系,最大变形为 0.14957 mm,最大应力强度为 99.915 MPa,发生在测量管道上。在第 20 载荷步得到了收敛的有限元计算解,即在考虑载荷系数后,计算过程未遇到结构的极限载荷,也未发生塑性垮塌。因此,该流量计在承受有限次设计载荷时,不会出现垮塌。但是,该类型流量计用于压力载荷和温度载荷交变条件下,极易萌生裂纹,出现疲劳失效。这一判断与该型流量计的实际应用结果是一致的。

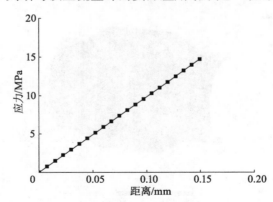

图 3.37 $\varPhi$273×20 标准孔板流量计计算过程中载荷与位移的关系

3.4.4　Φ273×25 标准喷嘴流量计焊缝应力分析

（1）工况 1（无温度载荷工况）应力分析

工况 1 条件下，流量计应力强度云图如图 3.38 至图 3.42 所示。模型中最大应力强度出现在如图 3.38、图 3.42 所示前、后夹持环和节流件的焊缝根部，最大应力强度为 60.02 MPa。

（2）工况 2（温度载荷工况）应力分析

工况 2 条件下，流量计应力强度云图请扫右侧二维码查看。模型中最大应力强度出现在前、后夹持环和节流件的焊缝根部，最大应力强度为 1225.7 MPa。

Φ273×25 标准喷嘴
流量计在工况 2 下的
应力强度云图

（3）Φ273×25 标准喷嘴流量计应力分布

沿流量计轴向选取各截面的最大等效应力，获得流量计应力强度轴向分布图如图 3.43 所示。应力分布图显示，焊缝处在没有温度载荷时，应力强度处于相对较低的水平，这表明一次应力处于较低水平。而在加载了温度载荷后，由于是异种钢焊接，在焊缝处应力强度水平明显大幅提升。加载了温度载荷后，热应力被焊缝根部缝隙的应力集中放大。工况 2 和工况 1 的最大应力强度之比为 20.42∶1，因此，这一类型流量计在选型设计中必须考虑温度载荷交变引发的疲劳失效。

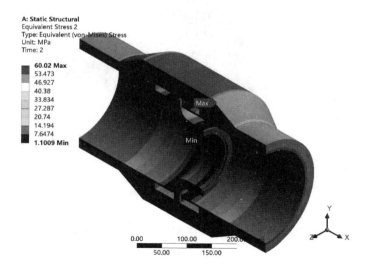

图 3.38　工况 1 条件下，Φ273×25 标准喷嘴流量计整体应力强度云图

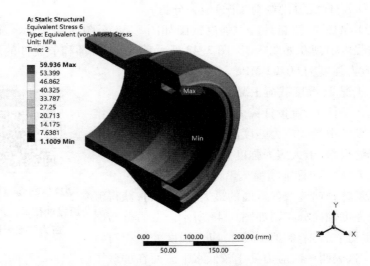

图 3.39　工况 1 条件下，Φ273×25 标准喷嘴流量计前夹持环应力强度云图

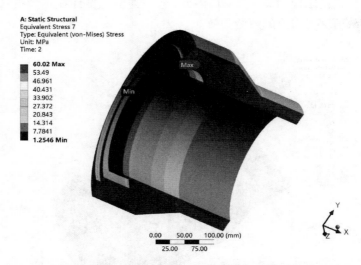

图 3.40　工况 1 条件下，Φ273×25 标准喷嘴流量计后夹持环应力强度云图

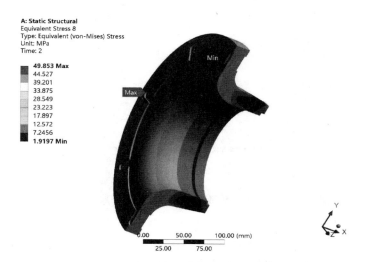

图 3.41　工况 1 条件下, Φ273×25 标准喷嘴流量计喷嘴应力强度云图

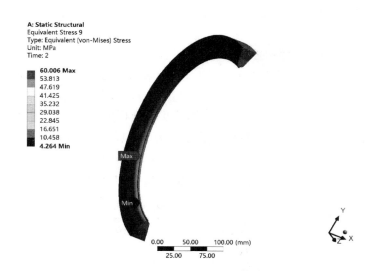

图 3.42　工况 1 条件下, Φ273×25 标准喷嘴流量计焊缝应力强度云图

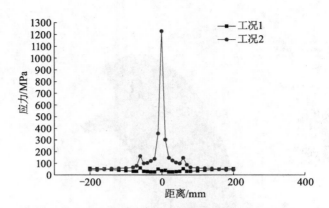

图 3. 43   Φ273×25 标准喷嘴流量计应力强度轴向分布图

（4）Φ273×25 标准喷嘴流量计强度评估

Φ273×25 标准喷嘴流量计在无温度载荷工况下，最大应力强度为 60. 02 MPa，小于 1.5 倍的许用应力，表明该流量计的一次应力满足设计规范要求。

由于最大应力强度发生在应力集中处，因此较难区分该部位的二次应力和峰值应力。考虑到应力分类法的局限性，为避免漏判、误判，采用 ASME "载荷和抗力系数设计"概念的极限分析法，对 Φ273×25 标准喷嘴流量计的强度进行评估。

选择 ANSYS 的双线性等向强化材料模型，12Cr1MoVG 钢弹性模量为 $1.65×10^5$ MPa，正切模量为 $1.196×10^2$ MPa，屈服强度为 136. 8 MPa。S30408 钢弹性模量为 $1.568×10^5$ MPa，正切模量为 $1.462×10^2$ MPa，屈服强度为 107 MPa。根据 ASME Ⅷ第 2 分册，得到极限分析的载荷组合和载荷系数。此次分析的载荷系数为 1.5，极限分析法压力为 14. 715 MPa。

计算时，采用载荷增量比例加载，共分为 20 步，如表 3.7 所示。图 3.44 和图 3.45 分别给出了第 1 载荷步和第 20 载荷步的应力强度云图。

表 3. 7   极限分析的各载荷步载荷

载荷步	压力/MPa	载荷步	压力/MPa
1	0. 736	7	5. 150
2	1. 472	8	5. 886
3	2. 207	9	6. 622
4	2. 943	10	7. 358
5	3. 679	11	8. 093
6	4. 415	12	8. 829

续表

载荷步	压力/MPa	载荷步	压力/MPa
13	9.565	17	12.508
14	10.301	18	13.244
15	11.036	19	13.979
16	11.772	20	14.715

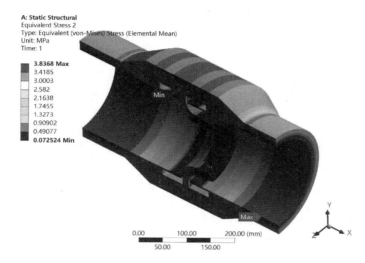

图 3.44 极限载荷法第 1 载荷步, Φ273×25 标准喷嘴流量计应力强度云图

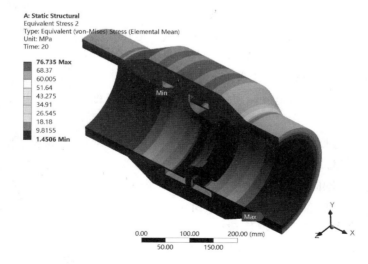

图 3.45 极限载荷法第 20 载荷步, Φ273×25 标准喷嘴流量计应力强度云图

图 3.46 所示为 20 载荷步计算过程中载荷与位移的关系。由图 3.45 和图 3.46 可以看出,载荷与位移呈线性关系,最大变形为 0.10987 mm,最大应力强度为 76.735 MPa,发生在测量管道上。在第 20 载荷步得到了收敛的有限元计算解,即在考虑载荷系数后,计算过程未遇到结构的极限载荷,也未发生塑性垮塌。因此,该流量计在承受有限次设计载荷时,不会出现垮塌。但是,该类型流量计用于压力载荷和温度载荷交变条件下,极易萌生裂纹,出现疲劳失效。这一判断与该型流量计的实际应用结果是一致的。

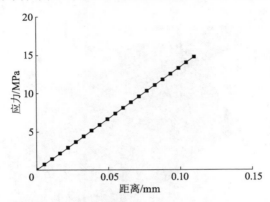

图 3.46 Φ273×25 标准喷嘴流量计计算过程中载荷与位移的关系

3.4.5 Φ273×25 长径喷嘴流量计焊缝应力分析

（1）工况 1（无温度载荷工况）应力分析

工况 1 条件下,流量计应力强度云图请扫右侧二维码查看。模型中,最大应力强度出现在测量管道销孔根部,最大应力强度为 102.94 MPa。

（2）工况 2（温度载荷工况）应力分析

工况 2 条件下,流量计应力强度云图请扫右侧二维码查看。模型中,最大应力强度出现在测量管道销孔根部,最大应力强度为 589.44 MPa。

（3）Φ273×25 长径喷嘴流量计应力分布

沿流量计轴向选取各截面的最大等效应力,获得流量计应力强度轴向分布图如图 3.47 所示。应力强度分布图显示,焊缝处在没有温度载荷时,应力强度处于相对较低的水平,这表明一次应力强度处于较低水平。而在加载了温度载荷后,由于是异种钢种连接,在销孔处

Φ273×25 长径喷嘴
流量计在工况 1 下的
应力强度云图

Φ273×25 长径喷嘴
流量计在工况 2 下的
应力强度云图

应力强度水平明显提升。加载了温度载荷后,热应力被销孔的应力集中放大。工况 2 和工况 1 的最大应力强度之比为 5.73∶1,因此,这一类型流量计在选型设计中必须考虑温度载荷交变引发的疲劳失效。

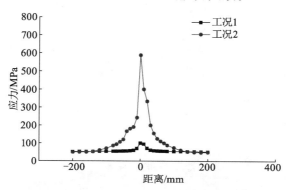

图 3.47　Φ273×25 长径喷嘴流量计应力强度轴向分布图

（4）Φ273×25 长径喷嘴流量计强度评估

Φ273×25 长径喷嘴流量计在无温度载荷工况下,最大应力强度为 102.94 MPa,约等于 1.5 倍的许用应力,表明该类型流量计的一次应力满足设计规范要求。

考虑到应力分类法的局限性,为避免漏判、误判,采用 ASME"载荷和抗力系数设计"概念的极限分析法,对 Φ273×25 长径喷嘴流量计的强度进行评估。

选择 ANSYS 的双线性等向强化材料模型,12Cr1MoVG 钢弹性模量为 $1.65×10^5$ MPa,正切模量为 $1.196×10^2$ MPa,屈服强度为 136.8 MPa。S30408 钢弹性模量为 $1.568×10^5$ MPa,正切模量为 $1.462×10^2$ MPa,屈服强度为 107 MPa。根据 ASME Ⅷ第 2 分册,得到极限分析的载荷组合和载荷系数。此次分析的载荷系数为 1.5,极限分析法压力为 14.715 MPa。

计算时,采用载荷增量比例加载,共分为 20 步,如表 3.8 所示。图 3.48 和图 3.49 分别给出了第 1 载荷步和第 20 载荷步的应力强度云图。

表 3.8　极限分析的各载荷步载荷

载荷步	压力/MPa	载荷步	压力/MPa
1	0.736	6	4.415
2	1.472	7	5.150
3	2.207	8	5.886
4	2.943	9	6.622
5	3.679	10	7.358

续表

载荷步	压力/MPa	载荷步	压力/MPa
11	8.093	16	11.772
12	8.829	17	12.508
13	9.565	18	13.244
14	10.301	19	13.979
15	11.036	20	14.715

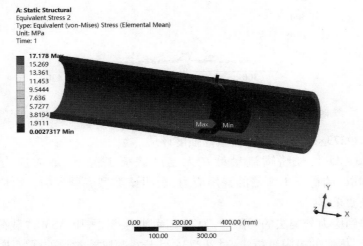

图 3.48　极限载荷法第 1 载荷步，Φ273×25 长径喷嘴流量计应力强度云图

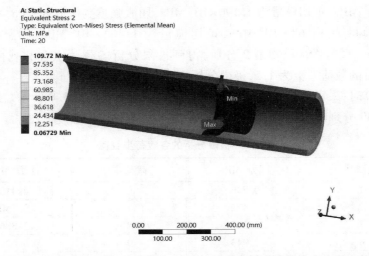

图 3.49　极限载荷法第 20 载荷步，Φ273×25 长径喷嘴流量计应力强度云图

　　图 3.50 所示为 20 载荷步计算过程中载荷与位移的关系。由图 3.49 和图 3.50 可以看出，载荷与位移呈线性关系，最大变形为 0.11096 mm，最大应力强度为 109.72 MPa，发生在测量管道销孔上。在第 20 载荷步得到了收敛的有限元计算解，即在考虑载荷系数后，计算过程未遇到结构的极限载荷，也未发生塑性垮塌。因此，该流量计在承受有限次设计载荷时，不会出现垮塌。但是，该类型流量计用于压力载荷和温度载荷交变条件下，易出现疲劳失效。

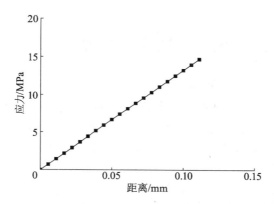

图 3.50　Φ273×25 长径喷嘴流量计计算过程中载荷与位移的关系

3.5　结论

　　计算分析后得到以下结论：

　　（1）在不考虑温度载荷的条件下，4 种典型结构节流式流量计在承受设计压力时，结构的最大应力强度小于 1.5 倍的许用应力，即结构的一次应力小于 1.5 倍许用应力；在考虑温度载荷的条件下，4 种典型结构节流式流量计在承受设计压力时，2 个标准喷嘴流量计和 1 个标准孔板流量计在前、后夹持环和节流件的焊缝根部出现很大的峰值应力，长径喷嘴流量计在测量管销孔处出现较大的峰值应力。

　　（2）采用 ASME"载荷和抗力系数设计"概念的极限分析法对 4 种典型结构节流式流量计进行分析，结果表明在考虑载荷系数后，计算过程未遇到结构的极限载荷，也未发生塑性垮塌，载荷与位移呈线性关系。因此，流量计在承受有限次设计载荷时，不会出现垮塌。但是，4 种类型的流量计用于压力载荷和温度载荷交变条件下，极易萌生裂纹，出现疲劳失效。

第4章 焊缝材料及热处理对节流式流量计的影响分析

4.1 焊缝材料对节流式流量计应力的影响

从第3章的计算和分析结果可以看出,前、后夹持环和节流件采用的是线膨胀系数不相同的两种材料。为了确保高温高压环境下承压部件的强度,前、后夹持环一般采用珠光体耐热钢;为了避免节流件在长期使用后被腐蚀或高温氧化而发生几何尺寸的改变,从而确保流量计的计量精度,节流件一般采用奥氏体不锈钢。由于前、后夹持环和节流件材料不一致,焊缝出现了异种钢焊接问题,一般为奥氏体不锈钢与珠光体耐热钢的焊接,焊缝呈"V"形。从宏观方面分析,由于异种钢焊接接头所使用的焊接材料的线膨胀系数不同,焊缝区域容易产生比较大的应力,在高温高压的使用工况下,这种应力更加突出,严重影响焊接接头的性能。从微观方面分析,异种钢的焊接接头存在熔合区,如果是奥氏体不锈钢与珠光体耐热钢焊接,则过渡区域存在一个马氏体熔合区,该区韧性较低,是一个高硬度脆性层,也是容易导致构件失效破坏的薄弱区,它会降低焊接结构的使用可靠性。

为研究前、后夹持环和节流件之间不同的焊缝形态对节流式流量计焊缝应力的影响,本章通过改变焊缝形态,采用 ANSYS 有限元软件对焊缝在两种工况下的应力情况进行分析。

4.1.1 焊缝材料组成

以 $\Phi273\times25$ 标准喷嘴流量计为例,将焊缝沿厚度方向分为 4 层。通过改变各层的材质,观察焊缝材料对节流式流量计的应力状态影响。

第一种焊缝形态:前、后夹持环内表面侧第一层焊缝为不锈钢材质,其余三层为 12Cr1MoVG 钢材质。

第二种焊缝形态:前、后夹持环内表面侧第一层、第二层焊缝为不锈钢材质,其余两层为 12Cr1MoVG 钢材质。

第三种焊缝形态:前、后夹持环内表面侧第一层、第二层和第三层焊缝为不锈钢材质,第四层为 12Cr1MoVG 钢材质。

第四种焊缝形态:焊缝全为不锈钢材质。

4.1.2　计算模型和边界条件

采用 ANSYS 软件,使用 N-mm-MPa 单位制,结合流量计的结构特点建立模型。其中,图 4.1 至图 4.4 为计算模型。计算载荷同 3.3.2 节,边界条件同 3.3.3 节。第一种焊缝形态在工况 1(无温度载荷工况)、工况 2(有温度载荷工况)下的应力强度云图如图 4.5 至图 4.15 所示,其他三种焊缝形态在工况 1、工况 2 下的应力强度云图请扫描二维码查看。

四种焊缝形状在
两种工况下的应力
强度云图

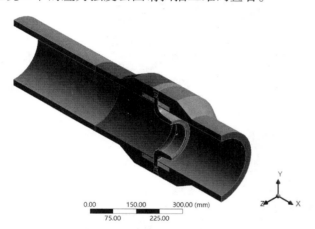

图 4.1　Φ273×25 标准喷嘴流量计不同焊缝材质计算模型

图 4.2　Φ273×25 标准喷嘴流量计不同焊缝材质计算模型(焊缝局部放大)

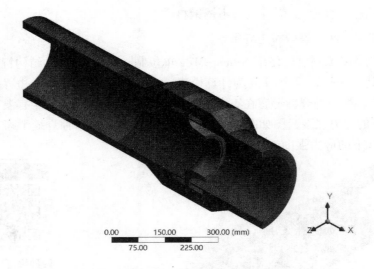

图 4.3　Φ273×25 标准喷嘴流量计不同焊缝材质计算模型单元图

图 4.4　Φ273×25 标准喷嘴流量计不同焊缝材质计算模型单元图(焊缝局部放大)

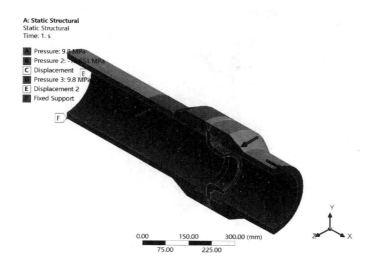

图 4.5　Φ273×25 标准喷嘴流量计不同焊缝材质计算模型边界条件图

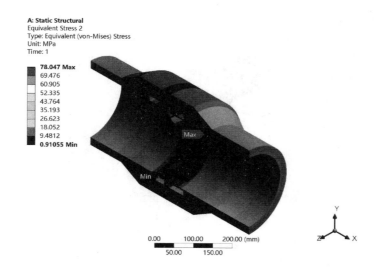

图 4.6　工况 1 下, 第一种焊缝形态 Φ273×25 标准喷嘴流量计整体应力强度云图

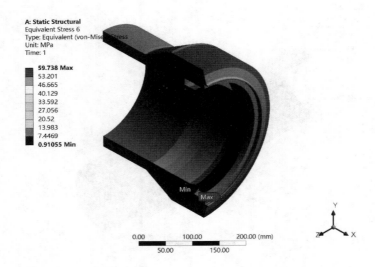

图 4.7　工况 1 下，第一种焊缝形态 $\Phi273\times25$ 标准喷嘴流量计前夹持环应力强度云图

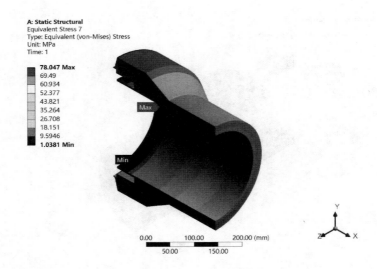

图 4.8　工况 1 下，第一种焊缝形态 $\Phi273\times25$ 标准喷嘴流量计后夹持环应力强度云图

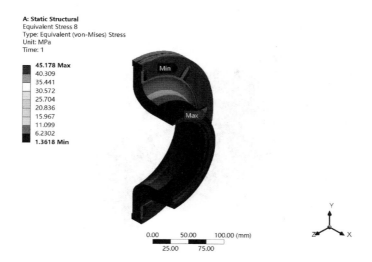

图 4.9　工况 1 下,第一种焊缝形态 *Φ273×25* 标准喷嘴流量计喷嘴应力强度云图

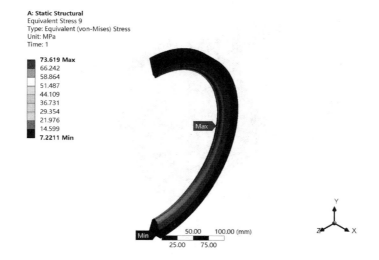

图 4.10　工况 1 下,第一种焊缝形态 *Φ273×25* 标准喷嘴流量计焊缝应力强度云图

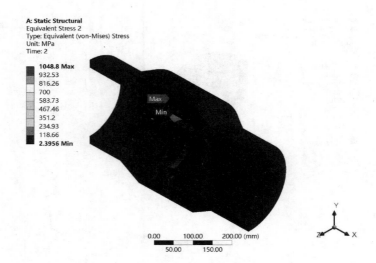

图 4.11　工况 2 下,第一种焊缝形态 Φ273×25 标准喷嘴流量计整体应力强度云图

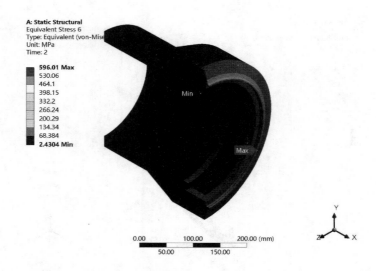

图 4.12　工况 2 下,第一种焊缝形态 Φ273×25 标准喷嘴流量计前夹持环应力强度云图

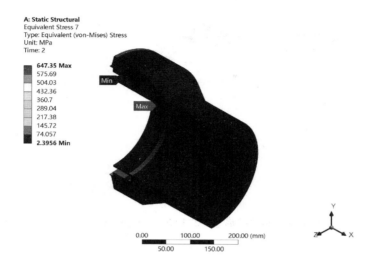

图 4.13　工况 2 下,第一种焊缝形态 $\Phi273\times25$ 标准喷嘴流量计后夹持环应力强度云图

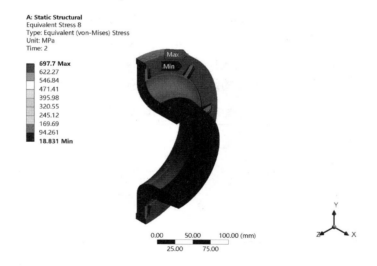

图 4.14　工况 2 下,第一种焊缝形态 $\Phi273\times25$ 标准喷嘴流量计喷嘴应力强度云图

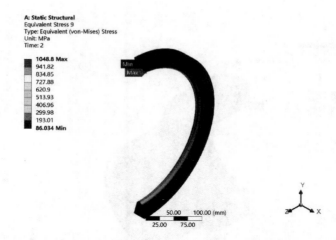

A: Static Structural
Equivalent Stress 9
Type: Equivalent (von-Mises) Stress
Unit: MPa
Time: 2

1048.8 Max
941.82
834.85
727.88
620.9
513.93
406.96
299.98
193.01
86.034 Min

图 4.15　工况 2 下,第一种焊缝形态 Φ273×25 标准喷嘴流量计焊缝应力强度云图

4.1.3　不同焊缝形态的应力分析

工况 1 条件下,第一种焊缝形态最大应力强度为 78.047 MPa,第二种焊缝形态最大应力强度为 78.207 MPa,第三种焊缝形态最大应力强度为 78.255 MPa,第四种焊缝形态最大应力强度为 78.320 MPa。

工况 2 条件下,第一种焊缝形态最大应力强度为 1048.8 MPa,第二种焊缝形态最大应力强度为 1303.4 MPa,第三种焊缝形态最大应力强度为 1378.8 MPa,第四种焊缝形态最大应力强度为 1241.6 MPa。

两种工况下,各种焊缝形态的结构最大应力强度列于表 4.1。

表 4.1　各种焊缝形态的结构最大应力强度　　　　　　　　　　MPa

焊缝形态	工况 1	工况 2
第一种	78.047	1048.8
第二种	78.207	1303.4
第三种	78.255	1378.8
第四种	78.320	1241.6

由表 4.1 可以看出,在没有温度载荷(工况 1)的情况下,四种焊缝形态结构的最大应力强度略有差异,但相当接近。这是因为不锈钢和铬钼钢的弹性模量差异不大。

在有温度载荷(工况 2)的情况下,第一种焊缝形态中,由于焊缝中铬钼钢材质的焊材比例大,因此应力状态有改善,但仍处于高的应力水平。

　　在有温度载荷(工况 2)的情况下,第二种焊缝形态和第三种焊缝形态中,由于焊缝中铬钼钢材质的焊材比例减少,扩大了结构内外壁的膨胀量差值,使得应力水平持续提高。

　　在有温度载荷(工况 2)的情况下,第四种焊缝形态中,焊缝全为不锈钢材质,焊缝呈"V"形,结构内外壁的膨胀量差值较第二种焊缝形态和第三种焊缝形态的膨胀量差值小,使得应力水平比第二种焊缝形态和第三种焊缝形态的低一些。

　　可以看出,在 Φ273×25 标准喷嘴流量计焊缝结构不变的情况下,要降低焊缝根部的应力水平,前后夹持环、节流件和焊缝必须采用同材质焊料,否则需改变前、后夹持环和节流件、焊缝的结构形式。

4.2　热处理对节流式流量计的影响

　　焊后热处理是消除焊接残余应力的有效方法。对于节流式流量计,节流件和前、后夹持环之间为异种钢焊接焊缝,通过热处理消除残余应力,也是可以尝试的一种方法。本节通过对 Φ273×20 标准孔板流量计和 Φ273×25 标准喷嘴流量计采用有限元模拟的方法,观察热处理对流量计节流件几何参数的影响。热处理按照 DL/T 869 的规定,升温速度 ≤300 ℃/h,热处理温度在 720~750 ℃,保温时间为 1.5 h,热处理曲线如图 4.16 所示。

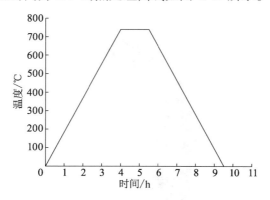

图 4.16　热处理曲线

　　模拟计算中,采用 ANSYS 软件,使用 N-mm-MPa 单位制。结合流量计的结构特点建立模型。仍采用 3.3.1 节中的有限元模型,位移边界条件同 3.3.3 节。材料选择双线性等向强化材料模型,材料性能同 3.2.3 节。

4.2.1 热处理对 Φ273×20 标准孔板流量计的影响

Φ273×20 标准孔板流量计热处理计算结果如图 4.17 至图 4.30 所示。

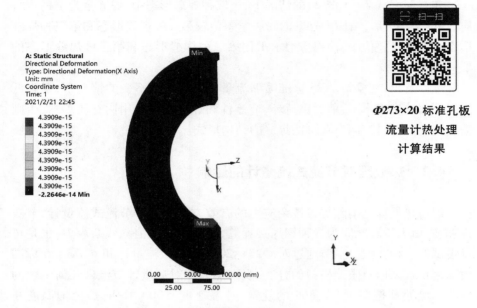

图 4.17　22 ℃时孔板的径向变形

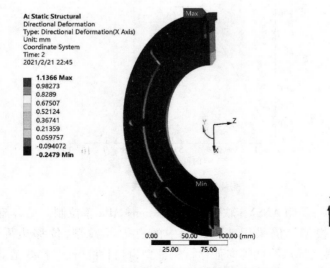

图 4.18　300 ℃时孔板的径向变形

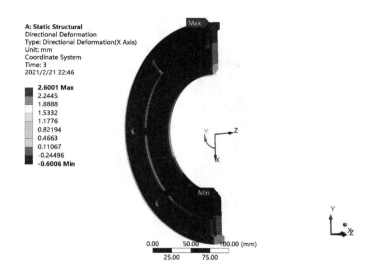

图 4.19　600 ℃时孔板的径向变形

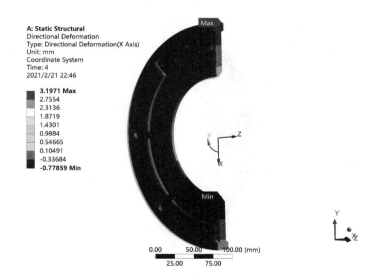

图 4.20　740 ℃时孔板的径向变形

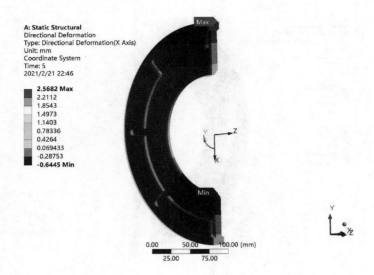

图 4. 21　600 ℃时孔板的径向变形 (降温)

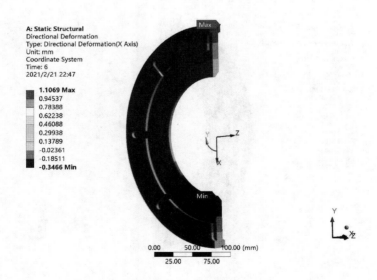

图 4. 22　300 ℃时孔板的径向变形 (降温)

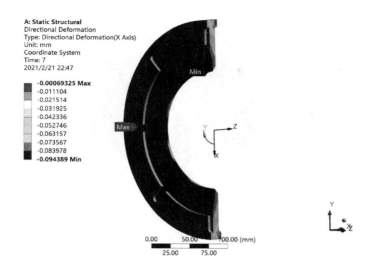

图 4.23　22 ℃时孔板的径向变形(降温)

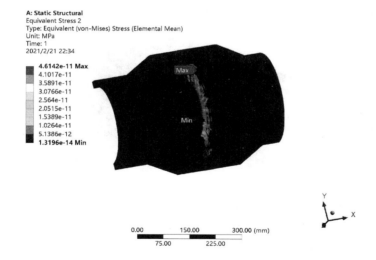

图 4.24　22 ℃时流量计最大应力强度

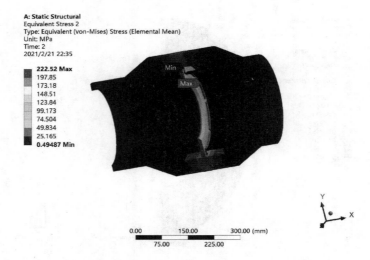

图 4.25　300 ℃时流量计最大应力强度

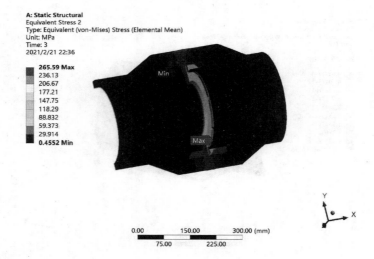

图 4.26　600 ℃时流量计最大应力强度

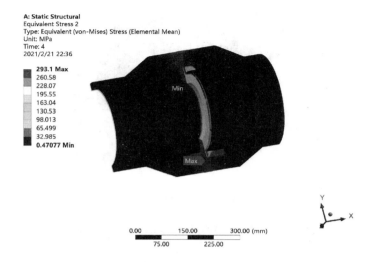

图 4.27　740 ℃时流量计最大应力强度

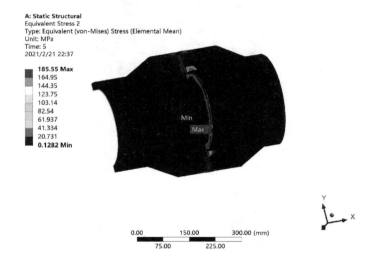

图 4.28　600 ℃时流量计最大应力强度(降温)

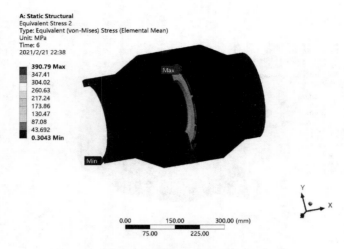

图 4.29　300 ℃时流量计最大应力强度(降温)

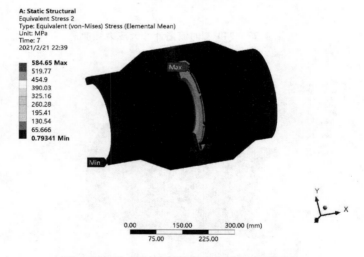

图 4.30　22 ℃时流量计最大应力强度(降温)

热处理过程中 $\Phi273\times20$ 标准孔板流量计孔板变形及最大应力强度如表 4.2 所示。

表 4.2　热处理过程中孔板变形及流量计最大应力强度

温度/℃	22	300	600	740	600	300	22
孔板径向变形/mm	0	1.1366	2.6001	3.1971	2.5682	1.1069	−0.0940
流量计最大应力强度/MPa	0	222.52	285.57	293.10	185.55	390.79	584.65

　　计算结果表明,热处理后孔板径向变形为-0.0940 mm,孔板整体处于弹性状态。热处理对孔板几何尺寸没有明显影响。同时也可以看到,热处理后 $\Phi273×20$ 标准孔板流量计残余应力非常大。考虑到有限元分析无法模拟金属金相组织在热处理过程中的变化,因此建议结合实验研究 $\Phi273×20$ 标准孔板流量计焊后热处理的适应性。

4.2.2　热处理对 $\Phi273×25$ 标准喷嘴流量计的影响

$\Phi273×25$ 标准喷嘴流量计热处理计算结果可扫右侧二维码查看。热处理过程中,$\Phi273×25$ 标准喷嘴流量计及最大应力强度如表 4.3 所示。

$\Phi273×25$ 标准喷嘴流量计
热处理计算结果

表 4.3　热处理过程中喷嘴变形及流量计最大应力强度

温度/℃	22	300	600	740	600	300	22
喷嘴径向变形/mm	0	1.1401	2.2219	3.1419	2.5187	1.0872	-0.0810
流量计最大应力强度/MPa	0	128.06	161.94	200.73	110.26	250.07	233.09

　　计算结果表明,热处理后喷嘴径向变形为-0.0810 mm,喷嘴整体处于弹性状态。热处理对喷嘴几何尺寸没有明显影响。同时也可以看到,热处理后 $\Phi273×25$ 标准喷嘴流量计存在一定的残余应力。考虑到有限元分析无法模拟金属金相组织在热处理过程中的变化,因此建议结合实验研究 $\Phi273×25$ 标准喷嘴流量计焊后热处理的适应性。

4.3　结论

　　计算分析后得到以下结论:
　　(1) 前夹持环、后夹持环和节流件采用线膨胀系数不相同的两种材料制成,焊缝为不锈钢材料质并呈"V"形。随着温度的升高,焊缝区内外表面的膨胀量不相等,是焊缝区产生热应力的主要原因之一。前、后夹持环受热发生径向形变,但这种形变受径向刚性大、膨胀系数不一致的节流件约束,这是焊缝区产生热应力的另一个原因。同时热应力又被焊缝根部缝隙的应力集中放大,因此在焊缝根部存在很高的峰值应力。
　　(2) 将焊缝沿厚度方向分为四层,通过改变各层的材质,观察焊缝材料对

Φ273×25 标准喷嘴流量计应力状态的影响。在没有温度载荷的情况下,四种焊缝形态下,结构的最大应力强度略有差异,但基本接近。在有温度载荷的情况下,焊缝中铬钼钢材质的焊材比例大时,应力状态有改善,但仍处于高的应力水平。

（3）对 Φ273×25 标准喷嘴流量计和 Φ273×20 标准孔板流量计进行热处理模拟。模拟结果表明,热处理后节流件整体处于弹性状态。热处理对节流件的几何尺寸没有明显影响。同时也可以看到,热处理后流量计存在一定的残余应力。考虑到有限元分析无法模拟金属金相组织在热处理过程中的变化,因此建议结合实验研究流量计焊后热处理的适应性。

第5章　节流式流量计焊接应力分析与测试

焊接应力是焊接构件由于焊接而产生的应力。焊接过程中焊件中产生的内应力和焊接热过程引起的焊件的形状和尺寸变化,焊接过程的不均匀温度场以及由它引起的局部塑性变形和不同的组织是产生焊接应力和变形的根本原因。当焊接引起的不均匀温度场尚未消失时,焊件中的这种应力和变形称为瞬态焊接应力和变形;焊接温度场消失后的应力和变形称为残余焊接应力和变形。

5.1　节流式流量计焊接过程应力模拟分析

5.1.1　焊接过程温度场建立

对节流式流量计的焊接过程温度场进行分析,以喷嘴流量计为例,三维结构如图 5.1 所示。由于流量计为轴对称结构,且边界条件、几何形状及载荷都对称于同一对称轴,因此在 ABAQUS 中使用轴对称模型,如图 5.2 所示。喷嘴流量计

本章全彩图片

筒体材质为 12Cr1MoVG 钢,喷嘴材料为 S30408,焊缝材料为耐热钢焊条。分析步选择热传递分析步,并选择瞬态求解。单元类型采用 DCAX4,单元形状以四边形为主。模型网格如图 5.3 所示,其中模型总体单元总数为 31763,节点总数为 32387。由于焊接过程分 4 道完成,因此将焊缝区域划分为 4 层,结构如图 5.4 所示。焊接过程中电弧热功率为 4 kW,并将流量计焊接前温度场设置为 20 ℃。由于流量计工作过程温度为 540 ℃,在焊接结束后将内壁温度设置为 540 ℃,获得工作状态下流量计内部的温度场分布,如图 5.5 所示。

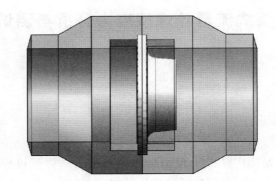

图 5.1 喷嘴流量计三维结构图

图 5.2 喷嘴流量计轴对称模型示意图

图 5.3 喷嘴流量计模型网格图

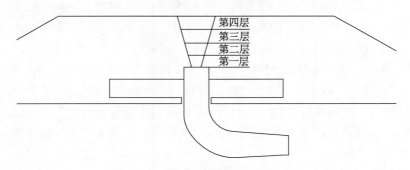

图 5.4 焊接区域示意图

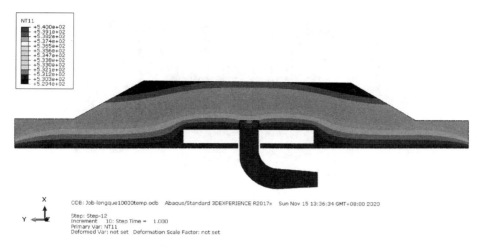

图 5.5　流量计工作状态下温度场分布

5.1.2　焊接过程应力场分析

将求解的温度场作为预定义场导入模型中,将分析步改为静力分析步,单元类型更改为 CAX4R。在焊接过程中在流量计筒体两侧施加约束,限制其轴向的位移,在焊接结束后解除约束。分析工作过程中流量计应力场时,在流量计内壁施加 9.8 MPa 的应力,在两端施加 14.7 MPa 的应力,如图 5.6 所示。

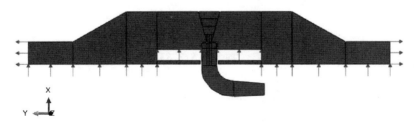

图 5.6　流量计所受约束

在焊缝中间位置自底部向上作一路径(见图 5.7),获得正常工作状态下(内压为 9.8 MPa)该路径中沿径向($S11$)、沿轴向($S22$)、沿周向($S33$)的应力分布,如图 5.8 所示。

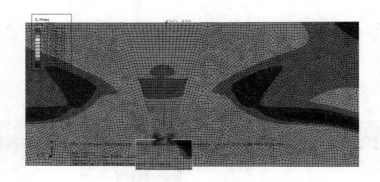

图 5.7 路径示意图

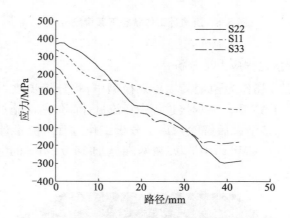

图 5.8 沿路径方向 $S11,S22,S33$ 应力分布图

由图 5.8 可知,流量计沿轴向的应力最大,因此其裂纹萌生与扩展受轴向应力影响最大,需对轴向应力进行具体分析。

图 5.9 为流量计在工作过程中沿轴向的应力分布云图。图 5.10 为流量计焊接部位沿轴向的应力分布云图。图 5.11 为第一层焊缝沿轴向的应力分布云图。由应力分布云图可以看出,在流量计工作的过程中,第一层焊缝区域在轴向受到拉应力作用,到了第四层焊缝区域,沿轴向的应力变为压应力。

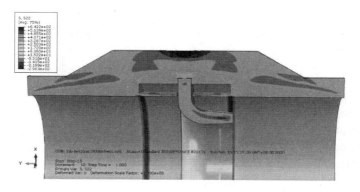

图 5.9 流量计沿轴向的应力分布云图

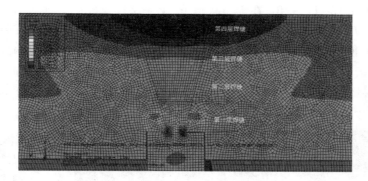

图 5.10 焊接部位沿轴向的应力分布云图

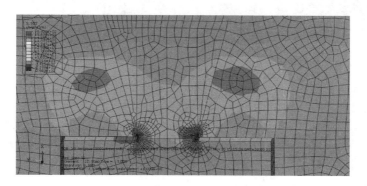

图 5.11 第一层焊缝沿轴向的应力分布云图

图 5.12 为各道焊接结束后,在工作温度下(内壁温度为 540 ℃)及正常工作状态下(内压为 9.8 MPa)该路径中沿轴向的应力($S22$)分布情况。

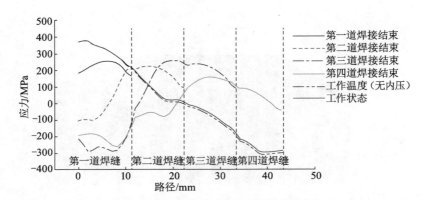

图 5.12 沿路径方向各过程轴向应力(*S22*)变化图

由图 5.12 可以看出,在工作状态下,第一层焊缝底部沿轴向的应力达到最大值,为 370 MPa。在第一道焊缝区域,轴向应力由 370 MPa 逐渐减小到 167 MPa,但仍然超过了不锈钢焊材在该工作温度下的许用应力,因此导致裂纹萌生,进而扩展。在第二道焊缝区域,沿轴向的应力逐渐减少;而第三、第四道焊缝区域处所承受的应力为压应力,不会产生裂纹。因此实际裂纹只会扩展至第一道焊缝和第二道焊缝交界处,如图 5.13 所示。

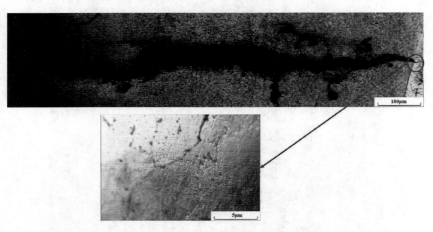

图 5.13 某流量计第一道焊缝裂纹处金相图

5.2 节流式流量计焊接应力测试

5.2.1 节流式流量计焊接残余应力测试原理

焊接残余应力与变形在一定条件下会严重影响焊接结构的强度、刚度、受压时的稳定性、加工精度和尺寸稳定性等。了解焊接结构中的残余应力分布,对确保焊接结构的质量和安全可靠极为重要。焊接构件残余应力的传统测量技术概括起来大致可分为两大类,即具有一定损伤性的机械释放测量法和非破坏性无损伤的物理测量法。这些测量方法基本上都只能进行宏观测量,且测试过程很难重复,实验数据分布范围很大。另外,机械法如盲孔法,对测量样品有较大的损伤。近 10 年来,由于薄膜材料和纳米技术的发展,传统的测量方法已不能满足实验要求,于是出现了一种新的残余应力测量技术——显微硬度压痕法。

采用显微硬度压痕法测量残余应力,其基本测量原理基于残余应力(应变)与压痕面积比存在线性关系。当试样存在拉应力时,压痕四周会产生凹陷,压痕的面积相对变小;而存在压应力时,压痕四周将产生凸起,压痕的面积相对变大。因此,用试样表面压痕面积比测量材料残余应力的硬度法应运而生。

根据 Oliver W C 和 Pharr G M 的理论,残余应力对施压过程中在压痕周围堆积的金属量敏感,因此准确测定残余应力的首要条件是要准确测出压痕的面积变化。特引入参数压痕面积比 C^2:

$$C^2 = \frac{A}{A_{\text{nom}}}$$

式中:A_{nom} 为存在应力状态下的压痕投影面积;A 为无应力状态下的面积。

通过计算残余应力造成的面积变化引起的残余应变,最终求得残余应力的大小。

但显微硬度压痕法也存在一些局限性,比如,测试焊缝横截面上的残余应力,需要截取焊缝切面样品,这样就破坏了焊缝的完整性;又如,只能测得切面二维方向的残余应力,不能完整反映测试点实际的残余应力。另外,通过残余应力与残余应变之间的关系计算得到残余应力,在相邻测试点之间残余应力有时候会相差较大,存在峰值或不连续性。

为获得节流式流量计焊缝横截面上的焊接残余应力的分布规律,本次残余应力测试采用了显微硬度压痕法。

5.2.2　节流式流量计焊接试件基本情况

为测试采用不同焊接工艺的节流式流量计焊缝的残余应力,遂模拟节流式流量计焊缝常见的形式、焊接工艺加工试件 1#~4#,相关数据如表 5.1 所示。然后,采用显微硬度压痕法测试试件的残余应力。

表 5.1　流量计典型焊接工艺焊接试件

序号	壳体材料	壳体厚度/mm	节流件材料	打底焊材料	盖面焊材料	热处理	应力测试	拉伸	弯曲	冲击	备注
1#	12Cr1MoVG	28	304	R31	R317	是	是	是	是	是	
2#	12Cr1MoVG	28	304	ER308	R317	否	是	是	是	是	
3#	12Cr1MoVG	28	304	ER309	R317	否	是	是	是	是	
4#	12Cr1MoVG	28	304	ER309	R317	是	是	是	是	是	

将焊接试件标号为 1#,2#,3#和 4#,如图 5.14 至图 5.17 所示。

图 5.14　1#管样

图 5.15　2#管样

图 5.16　3#管样

图 5.17　4#管样

5.2.3　节流式流量计焊接试件应力的测试

从 1#,2#,3#,4#样品上分别截取焊缝切面样品,起弧处截取样品记为 1#-1,2#-1,3#-1,4#-1,非起弧处截取样品记为 1#-2,2#-2,3#-2,4#-2,分别进行轻腐蚀,可见焊缝分布。

（1）在 1#-1 样品上,每间隔 2 mm 取一个测试点,共取 27 列、13 行,总计 351 个点。取点位置如图 5.18 所示。采用显微硬度压痕法测试取点位置平面二维方向的残余应力,应力值不分方向,取绝对值。每个测试点的应力值见表 5.2,应力分布示意图如图 5.19 所示。

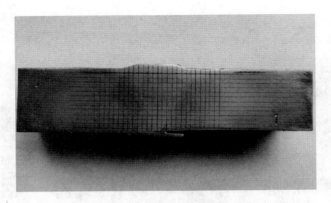

图 5.18　1#-1 样品取测试点

表 5.2　1#-1 样品应力值一览表　　　　　　　　　　MPa

测点位置	应力												
	第1行	第2行	第3行	第4行	第5行	第6行	第7行	第8行	第9行	第10行	第11行	第12行	第13行
第 1 列	121	137	132	117	136	124	167	126	149	116	101	138	132
第 2 列	135	130	114	154	114	138	172	118	152	134	108	162	103
第 3 列	161	124	148	154	147	133	167	135	124	120	151	151	136
第 4 列	163	134	132	134	156	128	135	155	130	131	160	166	143
第 5 列	165	142	132	104	140	163	115	134	132	130	103	126	161
第 6 列	147	139	149	145	154	155	144	157	120	126	156	153	103
第 7 列	170	148	135	122	150	157	164	116	114	139	166	138	124
第 8 列	170	144	142	193	148	170	135	136	119	260	169	152	114
第 9 列	252	238	199	133	143	150	134	128	125	213	126	151	102
第 10 列	259	209	169	195	250	218	176	122	144	188	177	155	133
第 11 列	267	209	183	249	246	212	278	161	160	193	200	149	152
第 12 列	242	243	161	215	184	184	220	241	168	203	194	269	134
第 13 列	232	259	178	173	227	212	215	194	188	277	246	224	143
第 14 列	260	227	230	215	163	222	244	237	164	201	214	191	123
第 15 列	235	202	206	200	161	204	229	233	201	176	168	226	289
第 16 列	262	201	234	267	165	218	284	240	142	204	215	152	291
第 17 列	236	184	215	217	202	239	263	159	167	206	162	182	225
第 18 列	226	225	202	246	184	181	196	108	139	181	121	97	145
第 19 列	222	232	205	227	199	171	150	130	120	149	155	122	203
第 20 列	214	212	141	164	131	124	146	151	168	135	160	131	135
第 21 列	221	164	110	127	157	152	141	146	143	155	112	141	107
第 22 列	179	147	139	123	122	179	108	157	140	129	152	104	191
第 23 列	153	149	133	152	143	127	142	156	130	143	132	118	121

续表

测点位置	应力												
	第1行	第2行	第3行	第4行	第5行	第6行	第7行	第8行	第9行	第10行	第11行	第12行	第13行
第24列	145	132	145	141	149	159	140	132	149	140	118	125	106
第25列	140	149	116	154	160	134	134	117	125	133	126	101	144
第26列	153	167	112	158	161	144	141	126	119	116	129	124	168
第27列	131	161	105	143	137	161	139	115	132	121	113	113	141

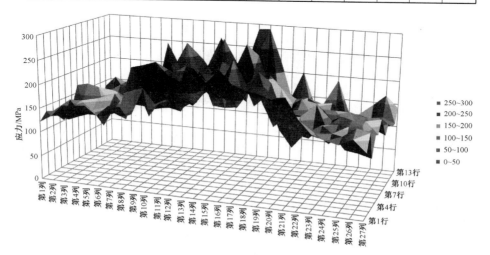

图 5.19　1#-1 样品应力分布示意图

（2）在 1#-2 样品上，每间隔 2 mm 取一个测试点，共取 21 列、14 行，总计294 个点。取点位置如图 5.20 所示，每个测试点的应力值见表 5.3，应力分布示意图如图 5.21 所示。

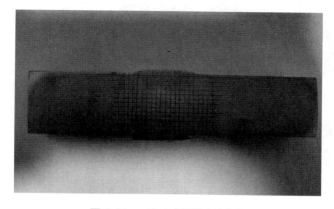

图 5.20　1#-2 样品取测试点

表 5.3 1#-2 样品应力值一览表 MPa

测点位置	应力													
	第1行	第2行	第3行	第4行	第5行	第6行	第7行	第8行	第9行	第10行	第11行	第12行	第13行	第14行
第1列	140	124	124	126	141	117	124	151	155	112	136	148	138	114
第2列	167	114	104	137	134	161	102	164	137	116	134	142	145	146
第3列	127	130	120	136	120	145	127	185	145	126	132	138	137	166
第4列	206	131	183	119	135	134	113	160	119	172	188	169	147	132
第5列	260	160	165	108	148	159	118	145	137	169	164	158	132	175
第6列	263	263	194	165	168	177	161	167	208	139	156	120	140	188
第7列	202	213	233	239	212	178	253	204	237	161	147	141	165	180
第8列	249	221	241	186	257	232	218	197	259	128	172	148	165	172
第9列	259	193	227	282	227	282	289	253	228	185	197	199	165	159
第10列	258	192	212	225	192	196	167	152	194	187	299	297	273	172
第11列	185	258	219	205	230	167	184	170	291	196	189	200	124	193
第12列	267	193	193	183	198	214	201	200	196	186	206	235	236	252
第13列	220	248	206	207	217	208	174	277	192	224	156	280	196	267
第14列	242	295	201	201	220	215	269	199	244	184	180	160	164	158
第15列	206	203	276	166	158	221	198	153	134	156	202	164	129	131
第16列	225	238	157	200	177	229	164	163	162	169	132	137	153	130
第17列	208	269	229	130	131	202	178	162	172	162	136	167	157	144
第18列	253	175	157	115	184	128	139	188	110	124	142	128	191	152
第19列	141	139	146	136	126	138	166	145	200	115	140	133	113	145
第20列	120	157	139	149	128	140	162	106	152	156	128	132	121	161
第21列	134	159	166	118	110	147	189	124	157	106	140	154	121	155

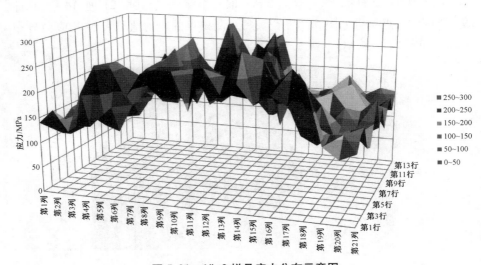

图 5.21 1#-2 样品应力分布示意图

（3）在 2#-1 样品上，每间隔 2 mm 取一个测试点，共取 23 列、13 行，总计 299 个点。取点位置如图 5.22 所示，每个测试点的应力值见表 5.4，应力分布示意图如图 5.23 所示。

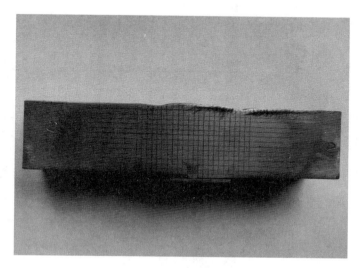

图 5.22　2#-1 样品取测试点

表 5.4　2#-1 样品应力值一览表　　　　　　　　　　　MPa

测点位置	应力												
	第 1 行	第 2 行	第 3 行	第 4 行	第 5 行	第 6 行	第 7 行	第 8 行	第 9 行	第 10 行	第 11 行	第 12 行	第 13 行
第 1 列	143	167	184	198	198	185	144	188	184	172	182	124	174
第 2 列	181	132	169	191	122	164	165	195	120	195	190	152	181
第 3 列	118	219	200	199	164	151	227	186	152	203	182	191	203
第 4 列	106	166	201	188	180	162	221	158	160	210	238	218	200
第 5 列	263	214	206	186	163	164	196	245	203	171	298	220	141
第 6 列	284	296	240	172	191	172	146	173	302	224	173	191	211
第 7 列	315	237	334	314	273	166	223	183	180	247	196	178	157
第 8 列	301	340	301	303	251	352	127	257	247	232	264	274	265
第 9 列	295	373	290	327	275	345	214	273	380	361	275	255	262
第 10 列	307	378	263	222	194	287	263	198	291	311	281	223	374
第 11 列	350	272	282	226	226	241	310	307	296	305	307	349	381
第 12 列	193	255	289	291	284	222	273	230	311	344	314	320	316

测点位置	应力												
	第1行	第2行	第3行	第4行	第5行	第6行	第7行	第8行	第9行	第10行	第11行	第12行	第13行
第13列	228	282	243	265	189	238	282	118	319	301	315	369	385
第14列	158	284	378	288	244	266	233	284	348	382	347	378	351
第15列	182	241	266	202	263	278	213	239	198	200	245	239	302
第16列	250	244	298	243	292	252	268	257	346	320	351	307	226
第17列	243	352	243	386	291	175	174	173	178	164	231	235	184
第18列	268	294	282	339	224	153	267	178	183	183	184	182	213
第19列	217	372	254	318	206	186	176	125	218	154	151	274	198
第20列	206	246	283	168	173	212	227	121	164	160	172	202	222
第21列	226	295	158	198	172	177	180	160	211	168	175	220	214
第22列	189	201	165	144	214	195	150	140	163	192	188	189	233
第23列	110	144	182	189	156	166	232	185	111	179	182	194	214

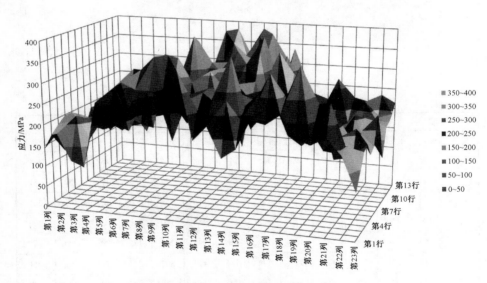

图 5.23　2#-1 样品应力分布示意图

（4）在 2#-2 样品上,每间隔 2 mm 取一个测试点,共取 24 列、13 行,总计 312 个点。取点位置如图 5.24 所示,每个测试点的应力值见表 5.5,应力分布示意图如图 5.25 所示。

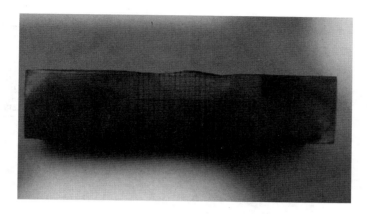

图 5.24 2#-2 样品取测试点

表 5.5 2#-2 样品应力值一览表 MPa

测点位置	应力												
	第1行	第2行	第3行	第4行	第5行	第6行	第7行	第8行	第9行	第10行	第11行	第12行	第13行
第 1 列	202	190	212	189	191	167	163	156	198	131	160	162	178
第 2 列	187	138	176	205	201	170	163	217	257	116	126	195	202
第 3 列	134	151	189	146	178	217	228	196	210	221	171	168	154
第 4 列	206	180	202	194	224	161	220	206	213	283	162	163	167
第 5 列	261	267	334	152	179	159	215	227	158	212	175	260	121
第 5 列	261	267	334	152	179	159	215	227	158	212	175	260	121
第 6 列	359	363	264	368	218	184	158	194	156	195	116	184	147
第 7 列	316	372	377	253	256	248	276	223	166	172	206	188	174
第 8 列	262	380	285	221	232	262	213	354	350	253	265	219	240
第 9 列	360	370	279	307	210	248	269	245	313	353	217	387	287
第 10 列	319	332	295	286	262	272	236	219	286	350	321	344	364
第 11 列	330	320	396	301	322	252	276	240	322	336	275	247	350
第 12 列	260	340	366	256	245	288	348	210	343	386	273	215	223
第 13 列	235	290	311	308	277	231	252	246	193	394	264	243	281
第 14 列	329	264	307	300	207	247	306	329	383	398	311	291	293
第 15 列	377	295	361	355	150	259	375	204	314	345	290	165	184
第 16 列	313	349	325	369	170	240	262	295	237	236	192	173	206
第 17 列	281	335	351	324	344	179	182	146	138	195	180	176	249
第 18 列	299	345	366	324	183	140	195	216	174	222	182	223	234
第 19 列	240	341	330	314	118	132	167	198	150	187	206	194	180
第 20 列	307	303	207	195	204	153	155	206	191	174	220	192	177
第 21 列	134	130	215	211	196	179	206	150	205	180	142	132	130

测点	应力												
位置	第1行	第2行	第3行	第4行	第5行	第6行	第7行	第8行	第9行	第10行	第11行	第12行	第13行
第22列	179	188	165	229	235	154	286	142	165	181	85	178	141
第23列	102	176	176	213	171	167	176	159	184	182	148	171	158
第24列	148	184	172	151	250	167	228	166	184	153	126	219	153

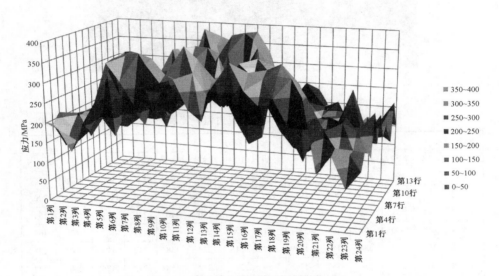

图 5.25　2#-2 样品应力分布示意图

（5）在 3#-1 样品上，每间隔 2 mm 取一个测试点，共取 23 列、12 行，总计 276 个点。取点位置如图 5.26 所示，每个测试点的应力值见表 5.6，应力分布示意图如图 5.27 所示。

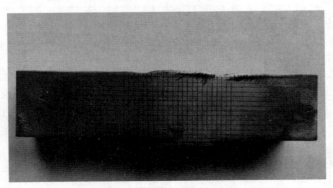

图 5.26　3#-1 样品取测试点

表 5.6　3#-1 样品应力值一览表　　　　　　　　　　MPa

测点位置	应力											
	第1行	第2行	第3行	第4行	第5行	第6行	第7行	第8行	第9行	第10行	第11行	第12行
第1列	166	168	188	176	165	156	189	167	177	156	151	183
第2列	143	182	177	145	167	155	175	145	184	167	167	176
第3列	158	198	187	155	189	196	178	156	199	163	172	173
第4列	172	179	198	178	173	167	188	170	212	234	223	159
第5列	208	204	176	156	158	189	212	165	189	252	213	163
第6列	287	248	166	178	159	166	189	212	226	256	242	189
第7列	269	252	304	256	175	211	178	222	267	234	256	211
第8列	279	308	283	275	278	227	188	245	278	258	304	246
第9列	284	280	253	275	345	235	184	364	378	295	288	289
第10列	390	278	322	288	347	231	189	312	324	278	337	395
第11列	315	289	286	316	261	323	327	302	322	356	397	398
第12列	312	278	311	319	272	289	330	326	331	342	385	379
第13列	278	279	289	289	244	267	312	309	313	372	392	391
第14列	268	268	285	277	245	255	276	319	348	357	379	389
第15列	278	288	272	298	256	267	253	234	256	287	363	341
第16列	294	278	253	289	248	264	267	301	325	325	356	243
第17列	321	254	288	291	256	271	282	275	245	278	278	193
第18列	312	256	295	225	182	227	166	288	263	214	253	201
第19列	367	265	318	256	212	256	136	267	185	177	267	178
第20列	302	272	168	167	179	235	142	189	177	167	277	185
第21列	288	167	198	168	187	170	177	213	179	182	262	214
第22列	206	166	144	214	215	155	156	167	168	169	189	195
第23列	157	172	189	169	187	198	173	158	172	175	185	179

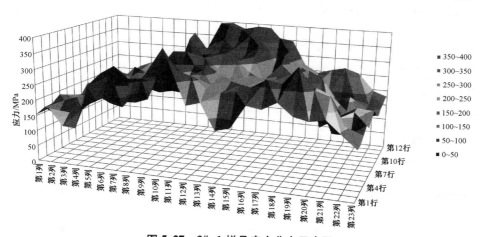

图 5.27　3#-1 样品应力分布示意图

（6）在3#-2样品上,每间隔2 mm取一个测试点,共取23列、13行,总计299个点。取点位置如图5.28所示,每个测试点的应力值见表5.7,应力分布示意图如图5.29所示。

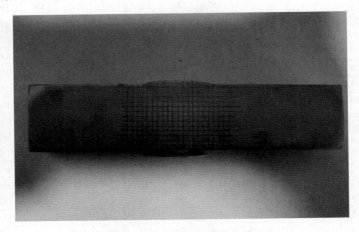

图 5.28　3#-2 样品取测试点

表 5.7　3#-2 样品应力值一览表   MPa

测点位置	应力												
	第1行	第2行	第3行	第4行	第5行	第6行	第7行	第8行	第9行	第10行	第11行	第12行	第13行
第1列	148	156	170	169	180	171	160	176	170	163	172	159	179
第2列	168	155	179	177	152	180	162	159	163	179	180	167	178
第3列	142	160	159	190	163	176	182	168	159	189	159	168	176
第4列	143	178	167	189	168	179	159	186	177	198	190	188	170
第5列	243	210	204	169	166	158	181	198	188	189	210	203	186
第6列	287	276	253	174	169	178	173	169	195	201	203	221	190
第7列	301	288	263	386	263	196	217	199	210	277	222	257	210
第8列	296	277	310	269	288	270	230	200	255	277	261	298	251
第9列	310	288	289	253	277	301	256	230	355	299	287	286	291
第10列	330	343	286	310	281	279	263	210	302	312	288	312	351
第11列	354	318	302	296	316	309	310	310	299	333	364	356	399
第12列	314	341	296	342	332	298	320	336	341	378	370	410	403
第13列	344	301	321	357	348	309	333	312	349	356	372	392	412
第14列	288	298	280	301	297	267	295	301	342	321	347	369	394
第15列	210	268	270	288	301	283	288	267	301	288	305	323	354
第16列	253	247	266	276	277	256	266	277	299	315	345	316	322
第17列	233	256	244	258	279	256	271	264	288	279	291	301	267

续表

测点位置	应力												
	第1行	第2行	第3行	第4行	第5行	第6行	第7行	第8行	第9行	第10行	第11行	第12行	第13行
第18列	211	234	224	236	225	222	240	222	251	211	223	276	199
第19列	202	210	198	210	199	189	207	180	210	179	182	236	186
第20列	211	198	222	188	189	179	199	189	190	179	177	201	188
第21列	189	181	171	198	178	190	159	199	198	180	179	160	199
第22列	177	190	176	154	198	182	170	168	178	171	166	190	188
第23列	162	162	175	179	168	177	186	180	162	173	178	177	180

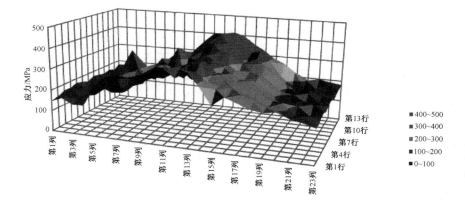

图 5.29　3#-2 样品应力分布示意图

（7）在 4#-1 样品上，每间隔 2 mm 取一个测试点，共取 21 列、14 行，总计
294 个点。取点位置如图 5.30 所示，每个测试点的应力值见表 5.8，应力分布
示意图如图 5.31 所示。

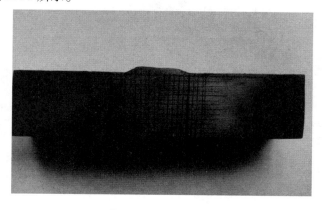

图 5.30　4#-1 样品

表5.8 4#-1 样品应力值一览表   MPa

测点位置	应力													
	第1行	第2行	第3行	第4行	第5行	第6行	第7行	第8行	第9行	第10行	第11行	第12行	第13行	第14行
第1列	159	133	123	120	130	121	128	118	149	162	122	117	118	150
第2列	144	123	137	119	148	128	118	150	160	125	170	137	141	120
第3列	134	129	142	117	132	134	134	138	152	125	144	114	110	127
第4列	192	169	143	131	158	125	110	130	113	113	158	129	121	159
第5列	189	129	142	150	187	134	113	157	130	118	132	134	116	173
第6列	140	162	181	165	233	207	165	118	147	160	157	113	134	159
第7列	154	172	144	162	216	238	175	156	134	140	145	119	131	121
第8列	131	143	180	184	198	199	141	163	173	201	256	164	162	139
第9列	159	125	146	168	224	214	135	125	152	177	198	222	185	156
第10列	191	170	170	141	175	203	158	143	175	193	195	263	327	329
第11列	131	141	157	157	177	191	180	197	153	159	180	178	214	346
第12列	204	192	143	119	175	173	157	178	181	244	187	135	130	187
第13列	138	194	163	154	194	197	152	144	184	147	150	146	132	113
第14列	130	222	175	152	173	196	184	178	136	108	133	125	131	173
第15列	138	205	163	187	175	162	149	151	138	124	140	135	182	130
第16列	174	167	135	125	136	138	112	130	145	119	131	129	162	202
第17列	139	111	162	135	140	112	120	126	134	131	133	140	115	139
第18列	105	124	110	105	114	116	108	143	170	116	119	127	143	225
第19列	103	138	133	165	143	115	189	135	104	116	139	106	172	117
第20列	102	132	129	115	127	126	139	147	150	154	145	145	131	134
第21列	103	120	134	118	198	102	137	146	106	136	121	151	129	153

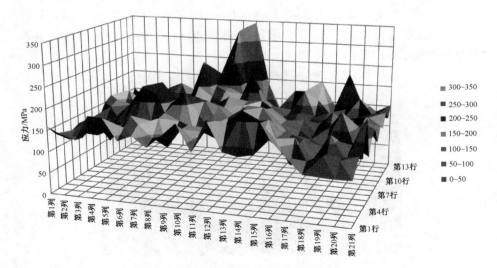

图 5.31 4#-1 样品应力分布示意图

（9）在4#-2样品上，每间隔2 mm取一个测试点，共取27列、13行，总计351个点。取点位置如图5.32所示，每个测试点的应力值见表5.9，应力分布示意图如图5.33所示。

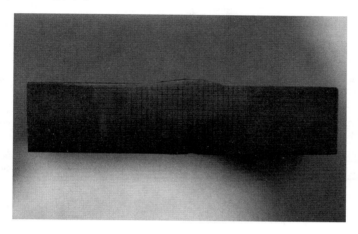

图5.32　4#-2样品取测试点

表5.9　4#-2样品应力值一览表　　　　　　　　　　　　　　MPa

测点位置	应力												
	第1行	第2行	第3行	第4行	第5行	第6行	第7行	第8行	第9行	第10行	第11行	第12行	第13行
第1列	144	160	145	128	134	136	131	134	201	135	136	143	136
第2列	160	143	120	163	143	158	144	131	122	127	133	104	120
第3列	142	111	112	125	183	137	170	107	118	147	120	127	142
第4列	138	135	172	142	152	140	148	137	134	115	168	150	151
第5列	122	142	107	142	176	139	195	180	167	155	144	144	133
第6列	148	119	142	160	120	120	121	141	115	180	123	120	142
第7列	137	131	186	131	120	143	122	151	139	134	142	116	115
第8列	157	172	142	127	121	136	144	165	132	195	164	176	156
第9列	269	197	169	128	162	152	142	118	161	119	115	137	139
第10列	213	169	165	123	167	157	134	149	160	132	160	139	120
第11列	225	157	168	248	247	166	126	139	145	150	133	106	118
第12列	180	183	208	157	185	162	147	140	156	162	141	158	171
第13列	152	139	153	149	282	201	160	202	170	181	138	170	156
第14列	174	176	191	181	203	227	182	223	148	145	123	166	181
第15列	230	177	194	185	155	186	178	173	202	254	213	123	311
第16列	207	173	147	178	186	192	201	205	191	341	242	308	322
第17列	179	251	196	143	211	220	225	175	226	271	178	327	132

续表

测点位置	应力												
	第1行	第2行	第3行	第4行	第5行	第6行	第7行	第8行	第9行	第10行	第11行	第12行	第13行
第18列	194	197	222	160	220	188	227	143	203	149	194	126	191
第19列	214	194	183	145	185	204	146	128	163	172	126	167	163
第20列	186	156	198	212	193	182	142	154	137	132	164	163	145
第21列	200	168	144	169	136	154	176	125	118	123	189	197	173
第22列	164	110	175	164	154	162	125	148	142	134	151	141	162
第23列	145	150	149	120	161	133	129	167	146	132	159	120	157
第24列	150	161	189	134	203	122	118	122	118	141	149	239	114
第25列	148	127	104	169	229	159	171	119	120	137	119	116	120
第26列	123	162	127	168	230	121	146	116	171	166	169	125	163
第27列	161	144	180	158	172	98	163	117	134	97	149	149	105

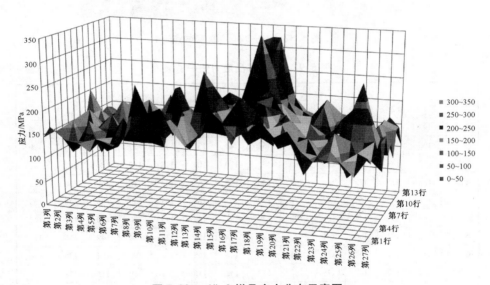

图 5.33　4#-2 样品应力分布示意图

5.2.4　节流式流量计焊接试件力学性能试验

按照 GB/T 228.1-2010、GB/T 2653-2008、GB/T 229-2007 的要求,对 4 个试件的焊缝进行力学性能试验,试验结果见表 5.10 至表 5.13。

表 5.10　试件 1 力学性能试验

序号	检验项目		单位	技术要求	检验结果	单项评定
1	焊接接头拉伸试验		MPa		539（断母材）	
	抗拉强度试验				539（断母材）	
2	弯曲试验 侧弯 $D=40$ mm，$\alpha=180°$				弯曲外表面未见开口缺陷	
					熔合线上存在一处长 1.6 mm 的裂纹	
					熔合线上存在一处长 3.1 mm 的裂纹	
					熔合线上存在长 1.5 mm，2.8 mm，1.7 mm 的裂纹各一处	
3	冲击试验	焊缝 20 ℃ KV$_2$	J		64 35 43 44 67	
		热影响区 20 ℃ KV$_2$			1 件：183 4 件：未断	

表 5.11　试件 2 力学性能试验

序号	检验项目		单位	技术要求	检验结果	单项评定
1	焊接接头拉伸试验		MPa		573（断母材）	
	抗拉强度试验				584（断母材）	
2	弯曲试验 侧弯 $D=40$ mm，$\alpha=180°$				弯曲外表面未见开口缺陷	
					弯曲外表面未见开口缺陷	
					弯曲外表面未见开口缺陷	
					弯曲外表面未见开口缺陷	
3	冲击试验	焊缝 20 ℃ KV$_2$	J		84 85 66 77 141	
		热影响区 20 ℃ KV$_2$			233 183 209 223 221	

表 5.12　试件 3 力学性能试验

序号	检验项目		单位	技术要求	检验结果	单项评定
1	焊接接头拉伸试验		MPa		503（断母材）	
	抗拉强度试验				498（断母材）	
2	弯曲试验 侧弯 $D=40$ mm,$\alpha=180°$				弯曲外表面未见开口缺陷	
					熔合线上存在一处长 9.3 mm 的裂纹	
					熔合线上存在一处长 8.1 mm 的裂纹	
					熔合线上存在长 2.3 mm,4.0 mm,1.0 mm 的裂纹各一处	
3	冲击试验	焊缝 20 ℃ KV_2	J		11 13 14 26 17	
		热影响区 20 ℃ KV_2			157 183 164 189 153	

表 5.13　试件 4 力学性能试验

序号	检验项目		单位	技术要求	检验结果	单项评定
1	焊接接头拉伸试验		MPa		478（断母材）	
	抗拉强度试验				482（断母材）	
2	弯曲试验 侧弯 $D=40$ mm,$\alpha=180°$				弯曲外表面未见开口缺陷	
					熔合线上存在一处长 9.3 mm 的裂纹	
					熔合线上存在一处长 8.1 mm 的裂纹	
					熔合线上存在长 2.3 mm,4.0 mm,1.0 mm 的裂纹各一处	
3	冲击试验	焊缝 20 ℃ KV_2	J		18 21 35 23 32	
		热影响区 20 ℃ KV_2			197 204 208 187 175	

5.2.5　节流式流量计焊接试件残余应力检测分析

节流式流量计焊接试件残余应力和力学性能测试情况如下：

（1）试件 1 的焊接材料为耐热钢焊丝打底,耐热钢焊条盖面,除了底层与不锈钢节流件焊接处存在异种钢焊接外,其他都是同类型焊材,该试件的焊缝焊接残余应力大于母材,焊缝的残余应力大部分在 150~250 MPa 之间,少部分测试点的应力在 250~300 MPa,焊缝越靠近底部,焊接残余应力越大。力学性能试验反映,焊接接头拉伸试验和冲击试验结果都符合规范要求,但在弯曲试验的试件底部焊缝熔合线位置,部分弯曲试件出现了开裂。

　　(2) 试件 2 的焊接材料为过渡焊焊丝打底,耐热钢焊条盖面,该试件的焊缝焊接残余应力大于母材。由于未进行热处理,焊缝的残余应力大部分在 250~350 MPa 之间,少部分测试点的应力在 350~400 MPa,焊缝越靠近底部,焊接残余应力越大。力学性能试验反映,焊接接头拉伸试验、弯曲试验、冲击试验结果都符合规范要求。

　　(3) 试件 3 的焊接材料为不锈钢焊丝打底,耐热钢焊条盖面,不锈钢焊丝与耐热钢焊条之间存在异种钢直接焊接的问题,该试件的焊缝焊接残余应力大于母材。由于未进行热处理,焊缝的残余应力大部分在 250~350 MPa 之间,少部分测试点的应力在 350~400 MPa,焊缝越靠近底部,焊接残余应力越大。力学性能试验反映,焊接接头拉伸试验符合要求,弯曲试验、冲击试验都不符合规范要求。

　　(4) 试件 4 的焊接材料为不锈钢焊丝打底,耐热钢焊条盖面,不锈钢焊丝与耐热钢焊条之间存在异种钢直接焊接的问题,该试件的焊缝焊接残余应力残余大于母材。该试件进行了热处理,焊缝的残余应力大部分在 150~250 MPa 之间,少部分测试点的应力在 250~300 MPa,焊缝越靠近底部,焊接应力越大。力学性能试验反映,焊接接头拉伸试验符合要求,弯曲试验、冲击试验都不符合规范要求,但冲击试验的结果优于试件 3。

　　综上所述:① 流量计焊接试件焊缝的残余应力越靠近焊缝底部越大;② 不锈钢节流件上直接采用耐热钢焊接材料焊接或者不锈钢焊接材料打底、耐热钢焊接材料盖面的,力学性能测试普遍不合格,说明要避免这种焊接工艺;③ 试件焊缝热处理后的应力明显低于未进行热处理的焊缝,力学性能也较未进行热处理的试件更好。

第6章　节流式流量计流固场特性分析

本章选择节流式流量计中的标准喷嘴流量计（以下简称"喷嘴流量计"）为研究对象，采用基于流固耦合数值模拟方法研究不同流量和内壁面温度对节流式流量计流固场的影响。

（1）对喷嘴流量计进行三维全流场和固场结构模型的建立，进行网格划分，并进行了网格无关系验证。

（2）采用计算流体力学软件 FLUENT 与固场结构有限元软件 ANSYS Workbench 耦合求解的方法对不同壁面温度和流量下的喷嘴流量计进行流固耦合数值模拟。

（3）基于流固耦合计算方法，对不同流量和内壁面温度下喷嘴流量计流固场的温度场、压力场、等效动应力和流体激振变形进行分析。

6.1　节流式流量计数值模拟方法

参照第 3 章 $\Phi273\times25$ 标准喷嘴流量计技术参数和几何参数，数值模拟包括流场和固场的数值模拟，采用计算流体力学软件 Fluent 和固场结构有限元分析软件 ANSYS Workbench，对喷嘴流量计在不同内壁面温度下的流场和热效应进行数值模拟计算。数值模拟计算的具体步骤如下：

本章全彩图片

（1）前处理：对喷嘴流量计的各过流部件（主要包括前夹持环、后夹持环、八槽喷嘴及焊缝金属）建模，获得内部流道的三维模型；利用 ICEM 软件对其进行网格划分，并对进出口及壁面进行边界条件的设置。

（2）数值计算：确定湍流模型及与流体介质相关的参数，选用合适的热力学模型，在此基础上对喷嘴流量计进行流场和固场的数值模拟计算。

（3）后处理分析：利用 Origin 和 CFD-POST 后处理软件对数值计算得到的流场和热效应结果进行分析，获得喷嘴流量计的温度分布和热流分布情况。

6.1.1　三维建模和网格划分

使用三维建模软件 UG 分别对喷嘴流量计的流场和固场结构进行等比例三维建模,得到了前夹持环、后夹持环、八槽喷嘴和焊缝金属等流场域的水力模型及固场结构的实体模型。图 6.1 所示分别为该喷嘴流量计固场结构和流场域。图 6.1b 中标注了该喷嘴流量计在八槽喷嘴上下游的取压口位置。

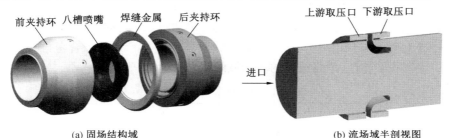

(a) 固场结构域　　　　　　　　　　　　　　(b) 流场域半剖视图

图 6.1　固场结构域和流场域示意图

采用 ICEM 软件对喷嘴流量计的流场域和固场结构域进行网格划分。对前夹持环、后夹持环、八槽喷嘴和焊缝金属流域等较为复杂的计算域均采用适应性较好的非结构化四面体网格,内部采用六面体核心。其中,前夹持环、后夹持环、八槽喷嘴和焊缝金属流域的网格数分别为 63875,63872,1424041和 38623,总网格数为 1590411。喷嘴流量计全流场、中截面和固场结构域的网格示意图如图 6.2 所示。

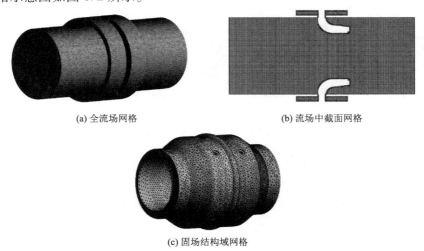

(a) 全流场网格　　　　　　　　　　　　　(b) 流场中截面网格

(c) 固场结构域网格

图 6.2　离心泵流场与转子结构网格

网格的数量不仅会影响计算求解的效率,还会严重影响数值模拟结果的准确性。因此计算前对网格数量进行无关性验证,并选择合适的网格方案对数值模拟来说是至关重要的。本章在 25 ℃和 100 m³/h 流量下,分别采用 5 种不同的流场域网格模型,对喷嘴流量计的压力损失和上下游取压口压力差进行网格无关性验证。5 种流场域方案的网格数和计算得到的压力损失及上、下游取压口压力差的结果见表 6.1。图 6.3 所示为喷嘴流量计的压力损失和上、下游取压口压力差的关系。由表 6.1 和图 6.3 可知,当流场域的网格数超过 159.04×10⁴时,该喷嘴流量计的计量特性基本稳定。综合考虑计算求解的效率和准确性,最终选用的流场域的网格数为 159.04×10⁴。

表 6.1　流场计算域网格信息

方案	方案 1	方案 2	方案 3	方案 4	方案 5
网格数/10⁴	48.1778	82.4195	110.7327	159.0411	182.8976
压力损失/Pa	1.4210124	1.4422614	1.5419300	1.5696321	1.5580127
喷嘴上下游压差/Pa	2.7000085	2.6934170	2.7272571	2.8020022	2.8032681

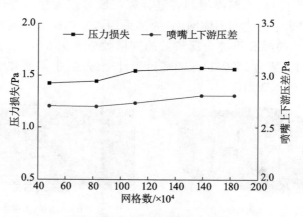

图 6.3　网格无关性验证结果

6.1.2　数值计算模型

（1）基本控制方程

本章所用的基本控制方程包括连续性方程和动量方程（Navier-Stokes 方程）。

① 连续性方程:

$$\frac{\partial \rho}{\partial t} + \rho \nabla \cdot v = 0 \tag{6.1}$$

$$\frac{\partial \rho}{\partial t}+\frac{\partial(\rho u)}{\partial x}+\frac{\partial(\rho v)}{\partial y}+\frac{\partial(\rho w)}{\partial z}=0 \tag{6.2}$$

式中:ρ 表示密度,$\mathrm{kg/m^3}$;∇表示哈密顿算子;t 表示时间,s;u,v,w 表示 x,y,z 方向上的速度分量,$\mathrm{m/s}$。

在数值计算时,假定离心泵的流体介质为不可压缩流体,此时密度 ρ 为一常数,因此式(6.2)可转化为

$$\frac{\partial u}{\partial x}+\frac{\partial v}{\partial y}+\frac{\partial w}{\partial z}=0 \tag{6.3}$$

② 动量方程:Navier-Stokes 方程,它是流体力学相关问题必须满足的基本定律之一,其基本定义为,微元体的动量随时间变化的变化率与该微元体受到的各种外力的总和相等。微元体的变化率在 x,y,z 三个不同方向上的分量分别由以下公式表示:

$$\frac{\partial(\rho u)}{\partial t}+\mathrm{div}(\rho u \boldsymbol{u})=\frac{\partial p}{\partial x}+\frac{\partial \tau_{xx}}{\partial x}+\frac{\partial \tau_{yx}}{\partial y}+\frac{\partial \tau_{zx}}{\partial z}+F_x \tag{6.4}$$

$$\frac{\partial(\rho v)}{\partial t}+\mathrm{div}(\rho v \boldsymbol{u})=\frac{\partial p}{\partial y}+\frac{\partial \tau_{xy}}{\partial x}+\frac{\partial \tau_{yy}}{\partial y}+\frac{\partial \tau_{zy}}{\partial z}+F_y \tag{6.5}$$

$$\frac{\partial(\rho w)}{\partial t}+\mathrm{div}(\rho w \boldsymbol{u})=\frac{\partial p}{\partial z}+\frac{\partial \tau_{xz}}{\partial x}+\frac{\partial \tau_{yz}}{\partial y}+\frac{\partial \tau_{zz}}{\partial z}+F_z \tag{6.6}$$

式中:$\tau_{xx},\tau_{xy},\tau_{xz}$是黏性力在 3 个不同方向上的分量;$F_x,F_y,F_z$ 是作用于微元体空间上 3 个不同方向的力。

当流体为牛顿流体时,公式如下:

$$\tau_{xx}=2\mu\frac{\partial u}{\partial x}+\lambda\,\mathrm{div}(\boldsymbol{u});\tau_{xy}=\tau_{yx}=\mu\left(\frac{\partial u}{\partial y}+\frac{\partial v}{\partial x}\right) \tag{6.7}$$

$$\tau_{yy}=2\mu\frac{\partial v}{\partial x}+\lambda\,\mathrm{div}(\boldsymbol{u});\tau_{xz}=\tau_{zx}=\mu\left(\frac{\partial u}{\partial z}+\frac{\partial w}{\partial x}\right) \tag{6.8}$$

$$\tau_{zz}=2\mu\frac{\partial w}{\partial z}+\lambda\,\mathrm{div}(\boldsymbol{u});\tau_{yz}=\tau_{zy}=\mu\left(\frac{\partial v}{\partial z}+\frac{\partial w}{\partial y}\right) \tag{6.9}$$

式中:μ 为动力黏度;λ 为第二黏度,一般取值为$-2/3$,代入上式可得:

$$\frac{\partial(\rho u)}{\partial t}+\mathrm{div}(\rho u \boldsymbol{u})=\mathrm{div}(\mu\,\mathbf{grad}\,u)-\frac{\partial p}{\partial y}+S_u \tag{6.10}$$

$$\frac{\partial(\rho v)}{\partial t}+\mathrm{div}(\rho v \boldsymbol{u}=\mathrm{div}(\mu\,\mathbf{grad}\,v)-\frac{\partial p}{\partial y}+S_v \tag{6.11}$$

$$\frac{\partial(\rho w)}{\partial t}+\mathrm{div}(\rho w \boldsymbol{u})=\mathrm{div}(\mu\,\mathbf{grad}\,w)-\frac{\partial p}{\partial z}+S_w \tag{6.12}$$

式中：$\mathbf{grad}(\ ) = \dfrac{\partial(\ )}{\partial x} + \dfrac{\partial(\ )}{\partial y} + \dfrac{\partial(\ )}{\partial z}$；$S_u = F_x + S_x$；$S_v = F_y + S_y$；$S_w = F_z + S_z$。

S_x, S_y, S_z 的表达式为

$$S_x = \frac{\partial}{\partial x}\left(\mu\,\frac{\partial u}{\partial x}\right) + \frac{\partial}{\partial y}\left(\mu\,\frac{\partial v}{\partial x}\right) + \frac{\partial}{\partial z}\left(\mu\,\frac{\partial w}{\partial x}\right) + \frac{\partial}{\partial x}(\lambda\,\mathrm{div}\,\boldsymbol{u}) \tag{6.13}$$

$$S_y = \frac{\partial}{\partial x}\left(\mu\,\frac{\partial u}{\partial y}\right) + \frac{\partial}{\partial y}\left(\mu\,\frac{\partial v}{\partial y}\right) + \frac{\partial}{\partial z}\left(\mu\,\frac{\partial w}{\partial y}\right) + \frac{\partial}{\partial y}(\lambda\,\mathrm{div}\,\boldsymbol{u}) \tag{6.14}$$

$$S_z = \frac{\partial}{\partial x}\left(\mu\,\frac{\partial u}{\partial z}\right) + \frac{\partial}{\partial y}\left(\mu\,\frac{\partial v}{\partial z}\right) + \frac{\partial}{\partial z}\left(\mu\,\frac{\partial w}{\partial z}\right) + \frac{\partial}{\partial z}(\lambda\,\mathrm{div}\,\boldsymbol{u}) \tag{6.15}$$

当流体为不可压缩流体时，上述公式中，$S_x = S_y = S_z = 0$。

（2）湍流模型

本试验采用标准 $k\text{-}\varepsilon$ 湍流模型进行数值计算。假设离心泵中采用的是不可压缩的流体，则标准的湍流模型中湍流耗散率 ε 和湍动能 k 的方程分别为

$$\rho\,\frac{\mathrm{D}k}{\mathrm{D}t} = \frac{\partial}{\partial x_i}\left[\left(\mu + \frac{\mu_t}{\sigma_k}\right)\frac{\delta k}{\delta x_i}\right] + P_k - \rho\varepsilon \tag{6.16}$$

$$\rho\,\frac{\mathrm{D}\varepsilon}{\mathrm{D}t} = \frac{\partial}{\partial x_i}\left[\left(\mu + \frac{\mu_t}{\sigma_e}\right)\frac{\partial\varepsilon}{\partial x_i}\right] + \frac{\varepsilon}{k}C_{\varepsilon 1}P_k - C_{\varepsilon 2}^*\rho\,\frac{\varepsilon^2}{k} \tag{6.17}$$

式中：P_k 表示湍动能的生成项。

P_k, k 和 ε 的表达式如下：

$$P_k = -\overline{\rho u_i' u_j'}\,\frac{\partial u_j}{\partial x_i} \tag{6.18}$$

$$k = \frac{1}{2}\overline{u_i' u_i'}, \xi = \nu\,\overline{\frac{\partial u_i' \partial u_i'}{\partial x_j \partial x_j}} \tag{6.19}$$

湍流黏度是由 k 和 ε 计算的，计算公式如下：

$$\mu_t = C_\mu\rho\,\frac{k^2}{\varepsilon} \tag{6.20}$$

式中：C_μ 是常数。根据流体力学发展的经验，常数 $C_{\varepsilon 1}, C_{\varepsilon 2}^*, C_\mu, \sigma_k, \sigma_e$ 取以下数值：$C_{\varepsilon 1} = 1.44, C_{\varepsilon 2}^* = 1.92, C_\mu = 0.99, \sigma_k = 1.0, \sigma_e = 1.3$。

（3）热力学模型

对流量计进行热分析，需研究流量计中热量的传递方式。通常，热量传递包括热传导、热对流及热辐射 3 种方式。

① 热传导理论：

$$q = -\lambda \, \mathbf{grad} \ t = -\lambda \, \frac{\partial t}{\partial n} \boldsymbol{n} \tag{6.21}$$

式中：q 为热流密度，J/（m^2·s）；λ 为导热系数，W/（m·K）；$\mathbf{grad} \ t$ 为介质内某点的温度梯度；$\partial t / \partial n$ 为该点等温面法线方向的温度变化率；$\boldsymbol{n}$ 为通过该点的等温线法线方向的单位向量。

② 热对流理论：对流换热的基本计算公式为 Newton 冷却公式，即

$$\Phi = A\alpha\Delta t \tag{6.22}$$

式中：Φ 为热流量，W；α 为对流换热系数，W/（m^2·K）；A 为与流体直接接触的壁面面积，m^2；Δt 为壁面与流体间的温度差，℃。

③ 热辐射理论：与热传导和热对流不同，热辐射传递无须介质，单位时间内物体表面发出的辐射能量由 Stefen-Boltzmann 定律确定，即

$$\phi = A\sigma T^4 \tag{6.23}$$

式中：ϕ 为热流量，J；A 为黑体的辐射表面积，m^2；T 为物体的热力学温度，K；σ 为 Stefen-Boltzmann 常量，通常被称为物体辐射常数，它为自然常数，其值为 5.67×10^{-8} W/（m^2·K^{-4}）。

6.1.3　流固耦合方法

近年来，流固耦合求解方法被广泛运用于分析流场对固场结构应力特性影响的问题中。喷嘴流量计耦合系统具有流动极不稳定、固场结构变形较小和三维流动较为复杂等特点，本试验采用迭代式流固耦合求解方法对喷嘴流量计进行流固耦合计算。迭代式流固耦合求解方法主要包括双向和单向流固耦合方法。其中，双向流固耦合主要适用于固场结构受流场影响较大的情况，同时考虑了流场对固场结构和固场结构反作用影响流场的耦合问题，但是双向耦合计算效率较低且计算资源占用量较大。单向流固耦合主要适用于固场结构受流场影响较小，且固场结构变形对流场影响也较小的情况。与双向耦合相比，单向耦合方法不仅计算效率高，而且所需计算资源较少。由于本试验所研究的喷嘴流量计结构受流场的影响变形较小，因此选用单向流固耦合方法。下面介绍流固耦合方法计算中所涉及的弹性体和流固耦合计算有限元方程表达式。

（1）弹性体有限元方程

对弹性体单元进行流固耦合求解时，其求解方法主要涉及弹性力学有限元基本方程：基本平衡方程、基本几何方程、基本物理方程、边界条件和初始条件等。

弹性力学有限元方程中基本平衡方程的表达式为

$$\sigma_{ij,j} + f_i - \rho\, \ddot{a}_i - \mu'\dot{a}_i = 0 \tag{6.24}$$

式中:$\sigma_{ij,j}$表示应力张量;f_i表示固场结构所受的体积应力;ρ表示固场结构的质量密度;μ'表示弹性结构的阻尼系数;$-\rho\,\ddot{a}_i$表示弹性体所受的惯性力;$-\mu'\dot{a}_i$表示弹性体所受的阻尼力。

弹性力学有限元方程中基本几何方程的表达式为

$$\varepsilon_{ij} = \frac{1}{2(a_{i,j} + a_{j,i})} \tag{6.25}$$

式中:ε_{ij}表示弹性体的应变量;$a_{i,j}$,$a_{j,i}$表示坐标(i,j),(j,i)微元体的变形量。

弹性力学有限元方程中基本物理方程的表达式为

$$\sigma_{ij} = D_{ijkl}\varepsilon_{kl} \tag{6.26}$$

式中:D_{ijkl}表示弹性矩阵;σ_{ij}表示应力;ε_{kl}表示应变。

其中,边界条件为$a_i = \overline{a}_i$,$\sigma_{ij}n_j = \overline{T}_i$($\overline{T}_i$表示弹性体的内力)。弹性力学有限元基本方程的初始条件为$a_i(x,y,z,0) = a_i(x,y,z)$,$\dot{a}_i(x,y,z,0) = \dot{a}_i(x,y,z)$。

对弹性体进行动力学特性分析时,其弹性系统的运动方程可表示为

$$M\ddot{q}_t + C\dot{q}_t + Kq_t = Q_t \tag{6.27}$$

式中:$\ddot{q}_t$表示弹性系统各节点处的加速度矢量;$\dot{q}_t$表示弹性系统各节点处的速度矢量;q_t表示弹性系统各节点处位移函数;K,C,M,Q_t分别表示弹性系统的刚度矩阵、阻尼矩阵、质量矩阵和节点载荷矢量。

（2）流固耦合计算有限元方程

当弹性体受到流体力时,弹性体的结构动力学方程经离散化处理后可表示为

$$M\ddot{q}_t + C\dot{q}_t + Kq_t = Q_t + F_t \tag{6.28}$$

式中:Q_t表示弹性体各节点处的载荷矢量;F_t表示流固耦合作用所产生的附加节点载荷矢量;将Q_t和F_t基于压力P的函数代入式(6.28),则可得

$$M\ddot{q}_t + C\dot{q}_t + Kq_t = P_t \tag{6.29}$$

式中:P_t表示弹性体各节点处的压力。

流固耦合计算过程中流固耦合面上的数据传递所满足的运动和动力学条件分别为

$$d_f = d_s \tag{6.30}$$

$$\boldsymbol{n} \cdot \boldsymbol{\tau}_f = \boldsymbol{n} \cdot \boldsymbol{\tau}_s \tag{6.31}$$

式中:d_f 表示耦合面上流场的位移;d_s 表示耦合面上固体结构场的位移;τ_f 表示流场的应力;τ_s 表示固体结构场的应力;n 表示单位法向量。

由式(6.30),式(6.31)可知,流固耦合面上网格发生相对滑移前后的速度条件分别可以表示为

$$v = \dot{d}_s \tag{6.32}$$

$$n \cdot v = n \cdot \dot{d}_s \tag{6.33}$$

对耦合面上各节点上的流体力进行面积分可得出流固耦合面的流体力,可表示为

$$F(t) = \int h_d \tau_f \cdot d_s \tag{6.34}$$

式中:h_d 表示固体结构的虚拟位移量。

进行流固耦合计算时只有当流场、固体结构场和流固耦合面的数据传递同时达到收敛精度,才能认定流固耦合计算达到收敛。其中耦合面数据传递收敛标准的表达式为

$$\phi^* = \frac{\sqrt{\sum (a_{new}^* - a_{old}^*)^2}}{\sqrt{\sum (a_{new}^{*2})}} \tag{6.35}$$

式中:a_{old}^* 为上一迭代步所传递载荷分量;a_{new}^* 表示当前迭代步的载荷分量。当 ϕ^* 小于 ϕ_{min}^* 时,即可认定流固耦合面上的数据传递达到收敛,其中,ϕ_{min}^* 是给定的收敛指标。耦合面上每个物理量数据传递过程收敛标准的表达式为

$$e^* = \frac{\log(\phi^*/\phi_{min}^*)}{\log(10/\phi_{min}^*)} \quad (0 < \phi_{min}^* < 1) \tag{6.36}$$

其中 $e^* < 0$,表示流固耦合面上所传递变量数据达到收敛。

6.1.4 边界条件

在进行数值计算之前,对喷嘴流量计进行正确的边界条件设置是计算是否准确的先决条件之一。本试验数值计算的边界条件具体设置如下:

① 以空气为介质,不可压缩流体密度为定值,大小设为 1.293 kg/m³。

② 进口边界条件:进口边界条件为入口速度,速度值根据不同模拟流量进行换算。

③ 出口边界条件:出口边界条件为自由出流,出口段的延伸保证了流体在出口处的充分发展。

④ 所有固体壁面的边界条件设置为标准壁面边界条件,壁面设置为静止且壁面粗糙度设为光滑,近壁面处的函数为标准壁面函数。

⑤ 离散算法：速度与压力之间的耦合计算采用 SIMPLEC 算法实现，对流项的空间离散采用二阶迎风格式，扩散项的空间离散采用中心差分格式。

6.2 标准喷嘴流量计计量特性曲线

6.2.1 压力损失曲线

图 6.4 所示为不同流量下，喷嘴流量计压力损失的变化曲线图。由图 6.4 可知，随着流量的上升，喷嘴流量计进出口的压力损失逐渐增大。当流量为 10 m³/h 时，喷嘴流量计的压力损失达到较小值，其值为 0.024 Pa。当流量小于 250 m³/h 时，喷嘴流量计的压力损失小于 10 Pa，且压力损失随流量的增大增长速率较低。当流量大于 250 m³/h 时，随着流量的增大，压力损失的增长速率显著提高。当流量为 1000 m³/h 时，喷嘴流量计的压力损失达到较大值，其值为 125.24 Pa。

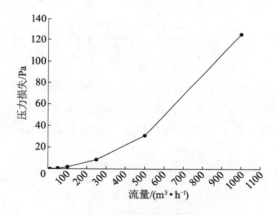

图 6.4 喷嘴流量计压力损失曲线图

6.2.2 喷嘴进出口压力差曲线

图 6.5 所示为不同流量下，喷嘴流量计上下游压力差的变化曲线图。由图 6.5 可知，随着流量的上升，喷嘴流量计上下游压力差增大。当流量为 10 m³/h 时，喷嘴流量计上下游压力差达到较小值，其值为 0.03 Pa。当流量小于 250 m³/h 时，喷嘴流量计上下游压力差均小于 25 Pa，且喷嘴流量计上下游压力差随流量的增大增长速率较低。当流量大于 250 m³/h 时，随着流量的增大，喷嘴流量计上下游压力差的增长速率显著提高。当流量为 1000 m³/h 时，喷嘴流量计上下游压力差达到较大值，其值为 281.75 Pa。

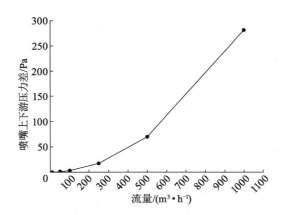

图 6.5　喷嘴流量计上下游压力差曲线图

6.3　流量和内壁面温度对流量计流固场的影响

6.3.1　温度场分析

图 6.6 所示为不同流量下,内壁面温度为 50 ℃时,流量计流场域中截面温度场分布图。由图 6.6 可知,当外壁面温度保持 20 ℃不变时,喷嘴流量计内部热传递随着流量的增大而逐渐减弱。在流量从 10 m^3/h 上升到 1000 m^3/h 的过程中,流量计内部温度场随着流量的增大,温度分层现象减弱。当流量为 10 m^3/h 时,喷嘴流量计内部流场域中热传递较为明显,内部的低温区域面积较少,高温区向流量计出口延伸。当流量为 1000 m^3/h 时,喷嘴流量计内部热传递现象较弱,其内部的温度分布主要集中于低温段。

图 6.7 所示为不同流量下,内壁面温度为 100 ℃时,流量计流场域中截面温度场分布图。由图 6.7 可知,当外壁面温度保持 20 ℃不变时,喷嘴流量计内部热传递随着流量的增大而逐渐减弱。在流量从 10 m^3/h 上升到 1000 m^3/h 的过程中,流量计内部温度场随着流量的增大,温度分层现象减弱。当流量为 10 m^3/h 时,喷嘴流量计内部流场域中热传递较为明显,内部的低温区域面积较少,高温区向流量计出口延伸。当流量为 1000 m^3/h 时,喷嘴流量计内部热传递现象较弱,其内部的温度分布主要集中于低温段。

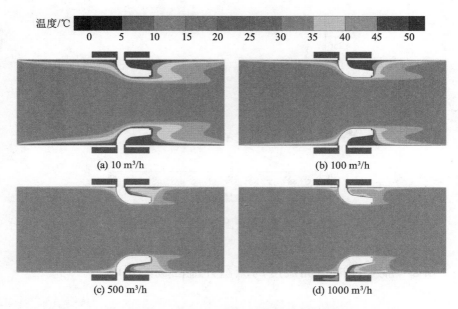

图 6.6　不同流量下内壁面为 50 ℃时流量计流场域中截面温度场分布

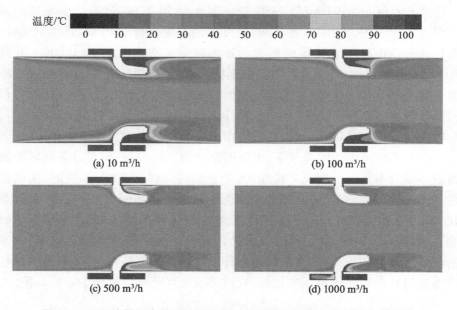

图 6.7　不同流量下内壁面为 100 ℃时流量计流场域中截面温度场分布

图 6.8 所示为不同流量下,内壁面温度为 300 ℃时,流量计流场域中截面温度场分布图。由图 6.8 可知,当外壁面温度保持 20 ℃不变时,喷嘴流

量计内部热传递随着流量的增大而逐渐减弱。在流量从 10 m³/h 上升到 1000 m³/h 的过程中,流量计内部温度场随着流量的增大,温度分层现象减弱。当流量为10 m³/h时,喷嘴流量计内部流场域中热传递较为明显,内部的低温区域面积较少,高温区向流量计出口延伸。当流量为 1000 m³/h 时,喷嘴流量计内部热传递现象较弱,其内部的温度分布主要集中于低温段。

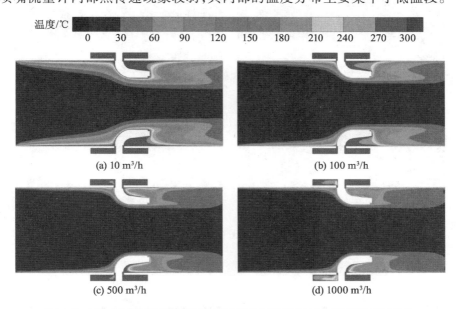

图 6.8 不同流量下内壁面为 300 ℃时流量计流场域中截面温度场分布

图 6.9 所示为不同流量下,内壁面温度为 500 ℃时,流量计流场域中截面温度场分布图。由图 6.9 可知,当外壁面温度保持 20 ℃不变时,喷嘴流量计内部热传递随着流量的增大而逐渐减弱。在流量从 10 m³/h 上升到 1000 m³/h 的过程中,流量计内部温度场随着流量的增大,温度分层现象减弱。当流量为10 m³/h 时,喷嘴流量计内部流场域中热传递较为明显,内部的低温区域面积较少,高温区向流量计出口延伸。当流量为 1000 m³/h 时,喷嘴流量计内部热传递现象较弱,其内部的温度分布主要集中于低温段。

图 6.10 所示为不同流量下,内壁面温度为 700 ℃时,流场域中截面温度场分布图。由图 6.10 可知,当外壁面温度保持 20 ℃不变时,喷嘴流量计内部热传递随着流量的增大而逐渐减弱。在流量从 10 m³/h 上升到 1000 m³/h 的过程中,流量计内部温度场随着流量的增大,温度分层现象减弱。当流量为10 m³/h 时,喷嘴流量计内部流场域中热传递较为明显,内部的低温区域面积较少,高温区向流量计出口延伸。当流量为 1000 m³/h 时,喷嘴流量计内部热

传递现象较弱,其内部的温度分布主要集中于低温段。

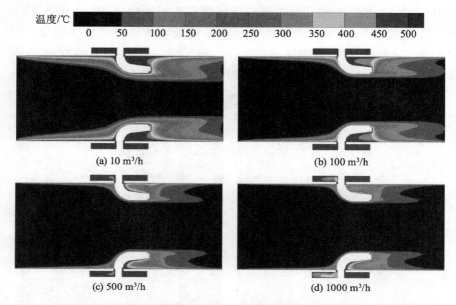

图 6.9　不同流量下内壁面为 500 ℃时流量计流场域中截面温度场分布

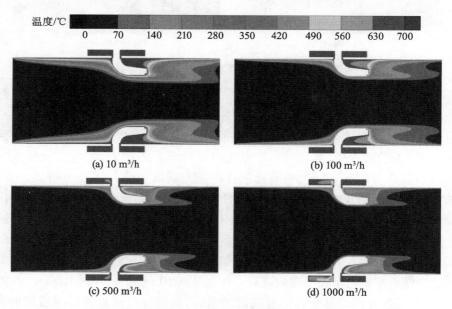

图 6.10　不同流量下内壁面为 700 ℃时流量计流场域中截面温度场分布

6.3.2 压力场分析

图 6.11 所示为 10 m^3/h 流量时,不同内壁面温度下流量计流场域中截面压力场分布图。由图 6.11 可知,当外壁面温度保持 20 ℃不变时,喷嘴流量计内壁面温度为 50,100,300,500,700 ℃时,其内部压力分布相近。在内壁面温度从 50 ℃上升到 1000 ℃的过程中,流量计流场域内部的压力场均表现出从流量计进口向出口逐渐减小的分布情况,这表明喷嘴流量计内壁面温度对流量计流场域的影响较小。

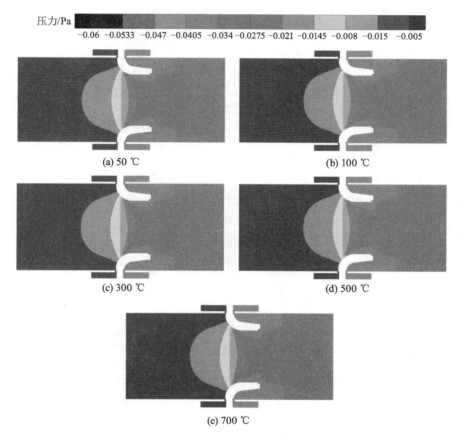

图 6.11 不同内壁面温度下流量计流场域中截面压力场分布(10 m^3/h)

图 6.12 所示为 100 m^3/h 流量时,不同内壁面温度下流量计流场域中截面压力场分布图。由图 6.12 可知,当外壁面温度保持 20 ℃不变时,喷嘴流量计内壁面温度为 50,100,300,500,700 ℃时,其内部压力分布相近。在内壁面

温度从50 ℃上升到700 ℃的过程中,流量计流场域内部的压力场均表现出从流量计进口向出口逐渐减小的分布情况。八槽喷嘴中出现了低压区域,其值为−3.9 Pa,这表示喷嘴流量计内壁面温度对流量计流场域的影响较小。

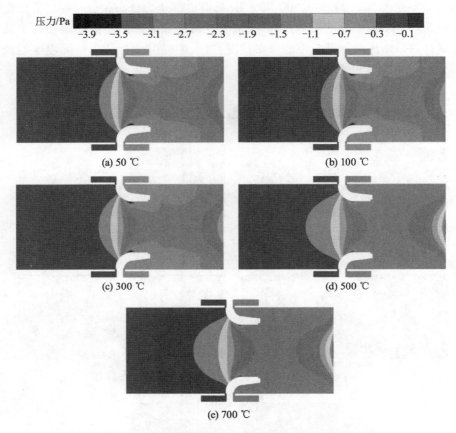

图 6.12　不同内壁面温度下流量计流场域中截面压力场分布(100 m³/h)

图 6.13 所示为 500 m³/h 流量时,不同内壁面温度下流量计流场域中截面压力场分布图。由图 6.13 可知,当外壁面温度保持 20 ℃不变时,喷嘴流量计内壁面温度为 50,100,300,500,700 ℃时,其内部压力分布相近。在内壁面温度从50 ℃上升到1000 ℃的过程中,流量计流场域内部的压力场均表现出从流量计进口向出口逐渐减小的分布情况。八槽喷嘴中出现了低压区域,其值为−74 Pa。

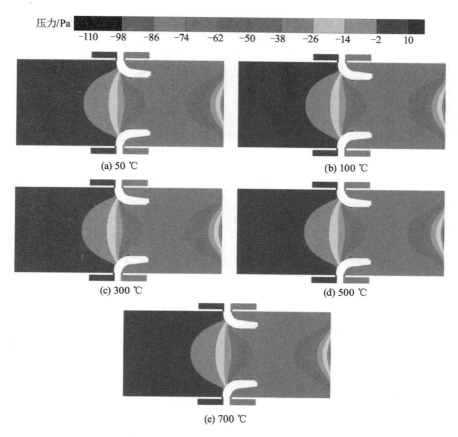

图 6.13　不同内壁面温度下流量计流场域中截面压力场分布（500 m³/h）

图 6.14 所示为 1000 m³/h 流量时，不同内壁面温度下流量计流场域中截面压力场分布图。由图 6.14 可知，当外壁面温度保持 20 ℃不变时，喷嘴流量计内壁面温度为 50，100，300，500，700 ℃时，其内部压力分布相近。在内壁面温度从 50 ℃上升到 700 ℃的过程中，流量计流场域内部的压力场均表现出从流量计进口向出口逐渐减小的分布情况。八槽喷嘴中出现了低压区域，其值为 -362 Pa，这表示喷嘴流量计内壁面温度对流量计流场域的影响较小。

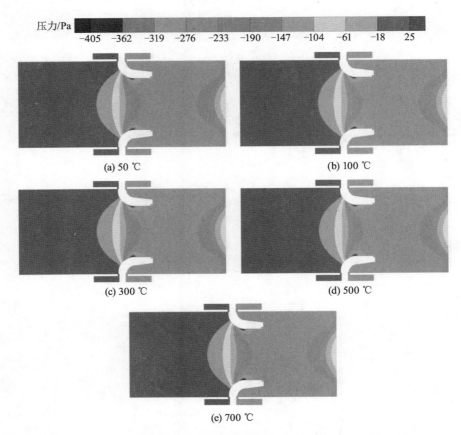

图 6.14 不同内壁面温度下流量计流场域中截面压力场分布(1000 m³/h)

6.3.3 等效动应力分析

考虑流场域变化对固场结构的影响,本试验基于单相流固耦合计算方法对不同流量和内壁面温度下喷嘴流量计的结构特性进行分析。在分析动应力时基于第四强度理论引入等效动应力的概念,其等效动应力 σ_{eq}(Von Mises-stress)的表达式为

$$\sigma_{eq} = \sqrt{\frac{1}{2}\left[(\sigma_x - \sigma_y)^2 + (\sigma_y - \sigma_z)^2 + (\sigma_z - \sigma_x)^2\right]} \qquad (6.37)$$

式中:σ_x,σ_y 和 σ_z 分别表示第一、第二和第三主应力。

图 6.15 所示为 10 m³/h 流量时,不同内壁面温度下流量计流场域中截面动应力分布图。由图 6.15 可知,当外壁面温度保持 20 ℃不变时,喷嘴流量计内壁面温度为 50,100,300,500,700 ℃时,其内部动应力相近。内壁面温度从

50 ℃上升到 1000 ℃的过程中,流量计流场域内部的较高动应力区域均出现在八槽喷嘴进出口处,然而其值仍较低,为 0.245 Pa。这表示喷嘴流量计内壁面温度对由流体产生的流量计动应力的影响较小。

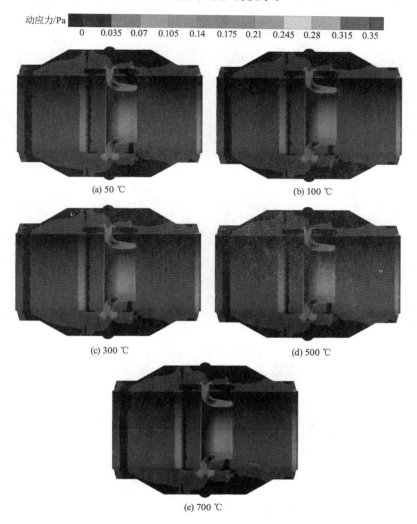

图 6.15　不同内壁面温度下流量计流场域中截面动应力分布(10 m³/h)

图 6.16 所示为 100 m³/h 流量时,不同内壁面温度下流量计流场域中截面动应力分布图。由图 6.16 可知,当外壁面温度保持 20 ℃不变时,喷嘴流量计内壁面温度为 50,100,300,500,700 ℃时,其内部动应力相近。内壁面温度从 50 ℃上升到 700 ℃的过程中,流量计流场域内部的较高动应力区域均出现

在八槽喷嘴进出口处,然而其值仍较低,为 2.31 Pa。这表示喷嘴流量计内壁面温度对由流体产生的流量计动应力的影响较小。

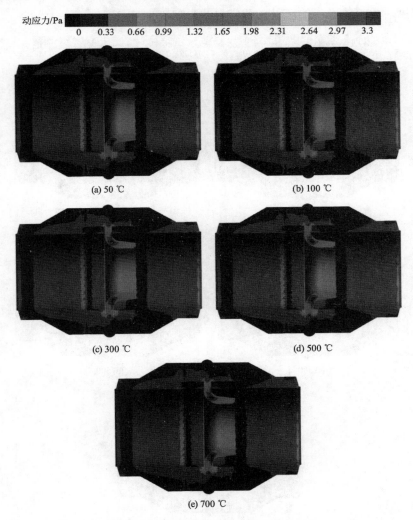

图 6.16　不同内壁面温度下流量计流场域中截面动应力分布(100 m³/h)

图 6.17 所示为 500 m³/h 流量时,不同内壁面温度流场域流量计动应力分布图。由图 6.17 可知,当外壁面温度保持 20 ℃不变时,喷嘴流量计内壁面温度为 50,100,300,500,700 ℃时,其内部动应力相近。内壁面温度从 50 ℃上升到 700 ℃的过程中,流量计流场域内部的较高动应力区域均出现在八槽喷嘴进出口处,然而其值仍较低,为 7 Pa。这表示喷嘴流量计内壁面温度对

由流体产生的流量计动应力的影响较小。

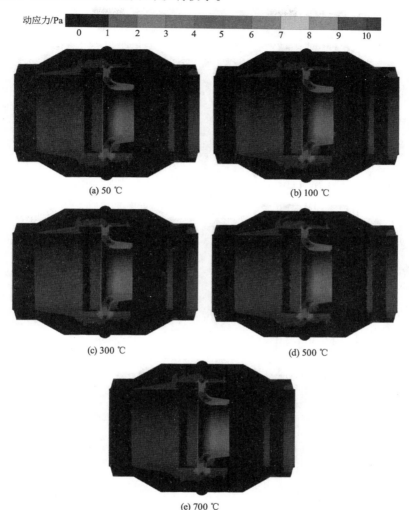

图 6.17　不同内壁面温度下流量计流场域中截面动应力分布(500 m³/h)

图 6.18 所示为 1000 m³/h 流量时,不同内壁面温度下流量计流体域中截面动应力分布图。由图 6.18 可知,当外壁面温度保持 20 ℃ 不变时,喷嘴流量计内壁面温度为 50,100,300,500,700 ℃ 时,其内部动应力相近。内壁面温度从 50 ℃ 上升到 700 ℃ 的过程中,流量计流场域内部的较高动应力区域均出现在八槽喷嘴进出口处,然而其值仍较低,为 28 Pa。这表示喷嘴流量计内壁面温度对由流体产生的流量计动应力的影响较小。

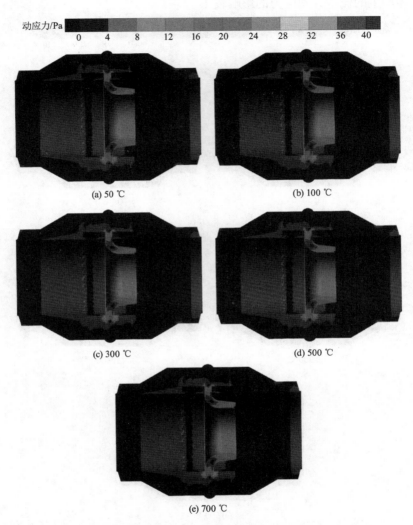

图 6.18　不同内壁面温度下流量计流体域中截面动应力分布（1000 m³/h）

6.3.4　流体激振变形分析

流量计流场域的变化会使流量计固场结构产生变形,这种现象就是流体激振现象。本试验基于单相流固耦计算方法,对不同流量和内壁面温度下喷嘴流量计的流体激振变形进行分析。

图 6.19 所示为 10 m³/h 流量时,不同内壁面温度下流量计中截面流体激振变形分布图。由图 6.19 可知,当外壁面温度保持 20 ℃不变时,喷嘴流量计

内壁面温度为 50,100,300,500,700 ℃ 时,其内部流体激振变形相近。内壁面温度从 50 ℃ 上升到 1000 ℃ 的过程中,流量计流场域内部的变形较大区域均出现在八槽喷嘴进出口处,然而其值仍较低,为 0.0017 μm。这表示喷嘴流量计内壁面温度对由流体产生的振动位移的影响较小。

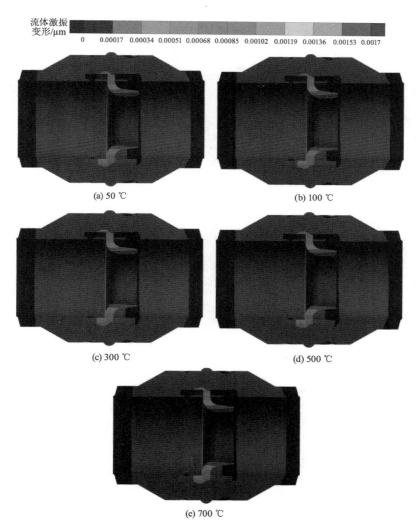

图 6.19　不同内壁面温度下流量计中截面流体激振变形分布(10 m³/h)

如图 6.20 所示为 100 m³/h 流量时,不同内壁面温度下流量计流体激振变形分布图。由图 6.20 可知,当外壁面温度保持 20 ℃ 不变时,喷嘴流量计内壁面温度为 50,100,300,500,700 ℃时,其内部流体激振变形相近。内壁面温度从 50 ℃上升到 700 ℃的过程中,流量计流场域内部变形较大区域均出现在八槽喷嘴进出口处,然而其值仍较低,为 0.016 μm。这表示喷嘴流量计内壁面温度对由流体产生的振动位移的影响较小。

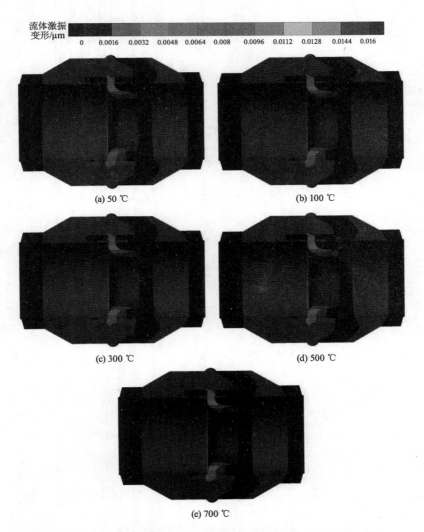

图 6.20　不同内壁面温度下流量计中流体激振变形分布(100 m³/h)

图 6.21 所示为 500 m³/h 流量时,不同内壁面温度下流量计流体激振变形分布图。由图 6.21 可知,当外壁面温度保持 20 ℃不变时,喷嘴流量计内壁

面温度为 50,100,300,500,700 ℃时,其内部流体激振变形相近。内壁面温度从 50 ℃上升到 700 ℃的过程中,流量计流场域内部变形较大区域均出现在八槽喷嘴进出口处,然而其值仍较低,为 0.46 μm。这表示喷嘴流量计内壁面温度对由流体产生的振动位移的影响较小。

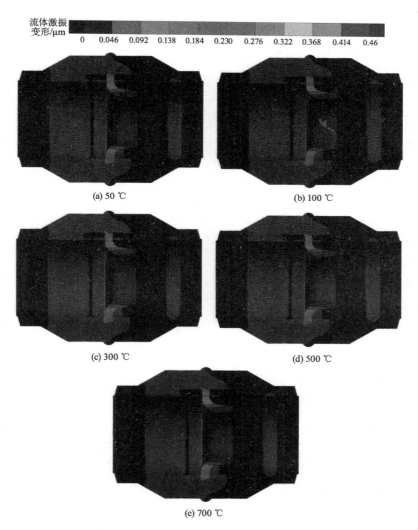

图 6.21　不同内壁面温度下流量计中截面流体激振变形分布(500 m³/h)

图 6.22 所示为 1000 m³/h 流量下,不同内壁面温度时流量计流体激振变形分布图。由图 6.22 可知,当外壁面温度保持 20 ℃不变时,喷嘴流量计内壁

面温度为 50,100,300,500,700 ℃时,其内部流体激振变形相近。内壁面温度从 50 ℃上升到 700 ℃的过程中,流量计流场域内部变形较大区域均出现在八槽喷嘴进出口处,然而其值仍较低,为 1.9 μm。这表示喷嘴流量计内壁面温度对由流体产生的振动位移的影响较小。

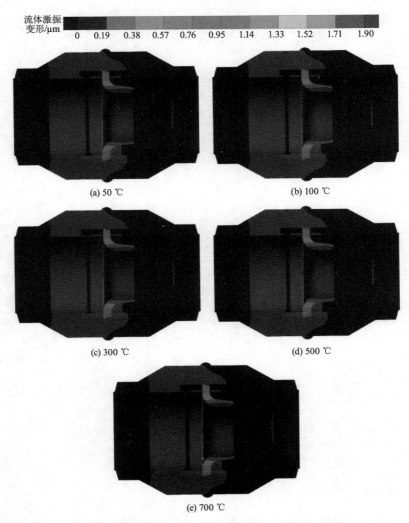

图 6.22　不同内壁面温度下流量计中截面流体激振变形分布(1000 m³/h)

6.4　结论

本章以标准喷嘴流量计为研究对象,基于流固耦合数值模拟方法研究了不同流量和内壁面温度对节流式流量计流固场的影响。主要结论如下:

随着流量的上升,不同内壁面温度下流量计的热传递效应均减弱,不同内壁面温度对流量计流体域的压力分布影响较小,不同内壁面温度对流量计中由流体产生的动应力和流体激振变形的影响也较小。

第 7 章　节流式流量计热效应特性分析

为研究标准喷嘴流量计热效应特性,本章在第 6 章对标准喷嘴流量计(以下简称"喷嘴流量计")建立三维全流场和固场结构模型的基础上,在五种不同的内壁面温度下对喷嘴流量计的热效应进行了数值模拟。

(1) 对不同内壁面温度下喷嘴流量计的稳态热效应(温度场、热流场、热应力和热变形)进行分析。

(2) 对不同内壁面温度下喷嘴流量计的瞬态热效应(温度场、热流场、热应力和热变形)进行分析。

7.1　不同内壁面温度对流量计稳态热效应的影响

本节采用 ANSYS 软件对喷嘴流量计在不同内壁面温度下进行热效应的数值计算。在内壁面温度为 50,100,300,500,700 ℃时进行喷嘴流量计固场结构稳态热效应数值计算,对比分析不同内壁面温度下喷嘴流量计中截面的温度场、热流场、热应力和热变形的分布。

本章全彩图片

7.1.1　温度场分析

图 7.1 为不同内壁面温度下喷嘴流量计中截面温度场分布图。从图 7.1 可以看出,当外壁面温度保持 20 ℃不变时,喷嘴流量计内部温度场分布随着内壁面温度的升高而逐渐产生热传递。内壁面温度从 50 ℃上升到 700 ℃的过程中,流量计内部温度场随着温度上升出现较为明显的分层现象。当喷嘴流量计内壁面温度为 700 ℃时,喷嘴流量计内部大部分处于高温状态,外壁面的低温区域面积较小。同时,上下游取压口的温度分布也更为明显。当喷嘴流量计内壁面温度为 50 ℃时,其内部的温度分布主要集中于低温段,热传递现象较弱。

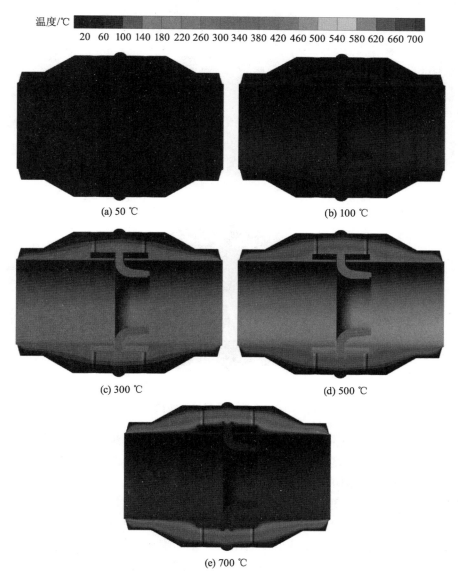

(a) 50 ℃　　　　　　　　　　　　(b) 100 ℃

(c) 300 ℃　　　　　　　　　　　　(d) 500 ℃

(e) 700 ℃

图 7.1　不同内壁面温度下流量计中截面温度场分布

　　图 7.2 所示为喷嘴上下游取压口检测路径示意图。由图 7.2 c 可知,监测路径 1 为从上游取压口点 $A1$ 平行于气体流动方向到达下游取压口点 $A2$ 的路径。监测路径 2 为从靠近内壁面点 $B1$ 垂直于气体流动方向到达外壁面点 $B2$ 的路径。分别监测路径 1 和 2,得出不同内壁面温度对路径 1 和 2 上温度

场和热流场分布的影响。

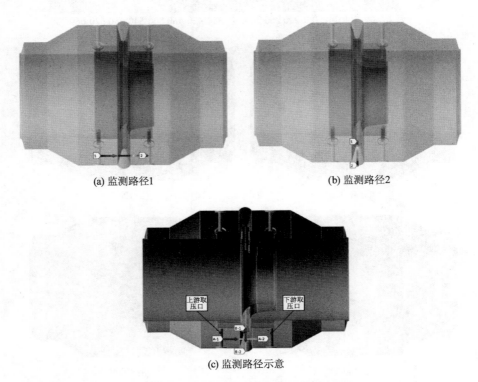

(a) 监测路径1　　　　　　　　　　　　(b) 监测路径2

(c) 监测路径示意

图 7.2　喷嘴上下游取压口检测路径示意图

图 7.3 所示为不同内壁面温度下监测路径 1 的温度场分布。由图 7.3 可知,在不同内壁面温度下,由上游取压口至下游取压口的路径上,温度分布均出现了先增大后减小的趋势,且均在 $0.5L_总$ 处达到峰值。喷嘴流量计内壁面温度分别为 50,100,300,500,700 ℃时,监测路径 1 的最大峰值分别为 33.7,56.62,148.17,239.72,331.27 ℃。由此可知,喷嘴流量计内壁面温度上升时,其监测路径 1 上的温度峰值随之增大。当喷嘴流量计内壁面温度分别为 50,100,300,500,700 ℃时,监测路径 1 的最大幅值(最大峰值−最小谷值)分别为 2.04,5.53,19.34,33.16,46.97 ℃。由此可知,喷嘴流量计内壁面温度上升时,其监测路径 1 的温度最大幅值随之增大。

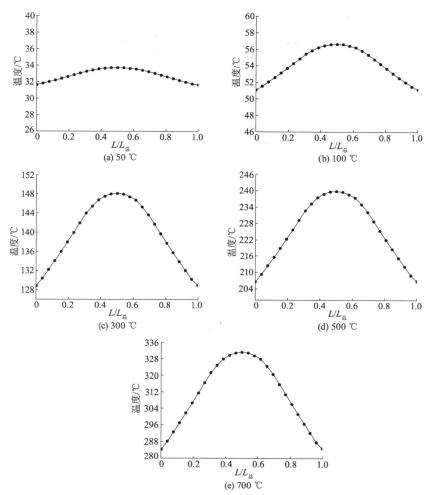

图 7.3　不同内壁面温度下监测路径 1 的温度场分布

　　图 7.4 所示为不同内壁面温度下监测路径 2 的温度场分布。由图 7.4 可知,在不同内壁面温度下,由内壁面至外壁面的路径上,温度分布均出现逐渐减小的趋势,且均在 $0.5L_{总}$ 处达到最大值,$1.0L_{总}$ 处达到最小值。喷嘴流量计内壁面温度分别为 50,100,300,500,700 ℃时,监测路径 2 的温度最大值分别为 48.573,96.195,286.68,477.17,667.66 ℃。由此可知,喷嘴流量计内壁面温度上升时,其监测路径 2 上的温度峰值也随之增大。当喷嘴流量计内壁面温度分别为 50,100,300,500,700 ℃时,监测路径 2 的最大幅值(最大峰值-最小谷值)分别为 28.38,75.67,264.87,454.06,643.255 ℃。由此可知,喷嘴流量计内壁面温度上升时,其监测路径 2 的最大幅值也随之增大。

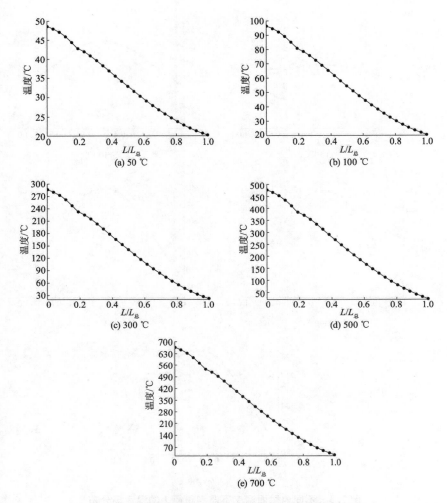

图 7.4　不同内壁面温度下监测路径 2 的温度场分布

7.1.2　热流场分析

　　图 7.5 所示为不同内壁面温度下流量计中截面总热流场分布图。从图 7.5 中可以看出,当外壁面温度保持 20 ℃不变时,喷嘴流量计内部总热流场分布随着内壁面温度的升高而逐渐向进出口扩展。内壁面温度从 50 ℃上升到 700 ℃的过程中,流量计进出口处的热流场随着温度上升而出现较为明显的提升现象。当喷嘴流量计内壁面温度为 700 ℃时,喷嘴流量计上下游取压口和进出口处均出现了较大的热流区域。且喷嘴流量计出口处出现了最大的热流值,其值为 10 W/mm²。当喷嘴流量计内壁面温度为 50 ℃时,其内部

的热传递均较弱,其热流值在 $0\sim1$ W/mm^2 范围内。由此可知,喷嘴流量计内壁面温度越高,其内部的热传递与热交换越频繁。

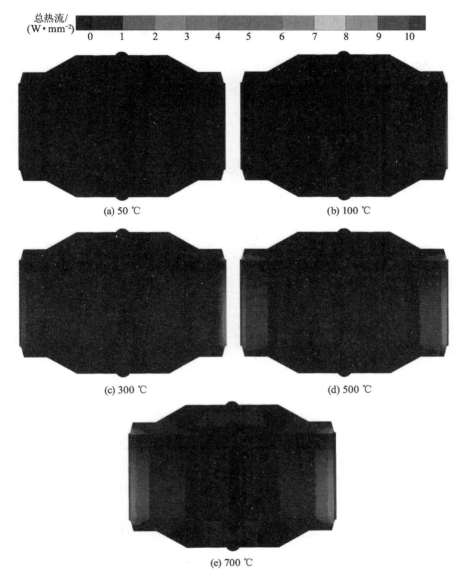

图 7.5　不同内壁面温度下流量计中截面总热流场分布

图 7.6 所示为不同内壁面温度下监测路径 1 的总热流场分布。由图 7.6 可知,在不同内壁面温度下,由上游取压口至下游取压口的路径上,总热流分

布均出现了先增大后减小的趋势,且均在 $0.42L_总$ 和 $0.58L_总$ 处达到峰值,在 $0.5L_总$ 处出现下降。喷嘴流量计内壁面温度分别为 $50,100,300,500,700$ ℃时,监测路径 1 上的最大热流峰值分别为 $0.037,0.099,0.35,0.60,0.85$ W/mm^2。

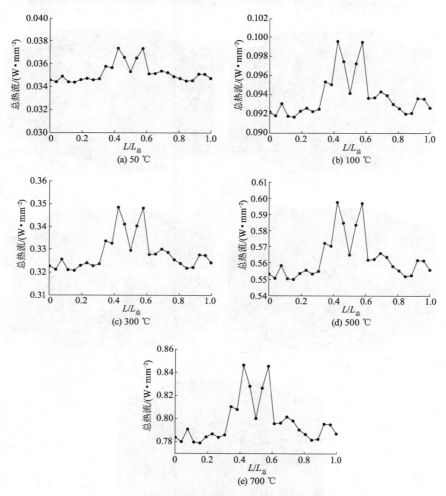

图 7.6   不同内壁面温度下监测路径 1 的总热流场分布

由此可知,喷嘴流量计内壁面温度上升时,其监测路径 1 上的总热流峰值也随之增大。当喷嘴流量计内壁面温度分别为 $50,100,300,500,700$ ℃时,监测路径 1 上 $0.5L_总$ 处的总热流值分别为 $0.035,0.094,0.329,0.565,0.801$ W/mm^2。当喷嘴流量计内壁面温度分别为 $50,100,300,500,700$ ℃时,监测路径 1 上的热流最大幅值(最大峰值–最小谷值)分别为 $0.002,0.007,0.03,0.05$,

$0.07\ \mathrm{W/mm^2}$。由此可知,随着喷嘴流量计内壁面温度上升,其监测路径 1 上总热流的最大幅值逐渐增大。

图 7.7 所示为不同内壁面温度下监测路径 2 的总热流场分布。

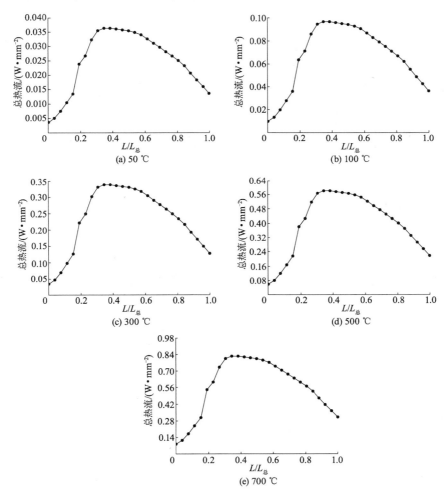

图 7.7　不同内壁面温度下监测路径 2 的总热流场分布

由图 7.7 可知,在不同内壁面温度下,由内壁面向外壁面的路径上,总热流分布均出现了先增大后减小的趋势,且均在 $0.35L_{总}$ 处达到峰值。喷嘴流量计内壁面温度分别为 50,100,300,500 和 700 ℃时,监测路径 2 上总热流的最大峰值分别为 0.036,0.097,0.339,0.582,0.824 $\mathrm{W/mm^2}$。由此可知,喷嘴流量计内壁面温度上升时,其监测路径 2 的总热流峰值也随之增大。当喷嘴流量计内壁面温度分别为 50,100,300,500,700 ℃时,监测路径 2 上的热流最大幅值(最大峰值-最小谷值)分别为 0.03285,0.087,0.305,0.524,0.741 W/mm²。

图 7.8 所示为不同内壁面温度下监测路径 1 在 X 方向的热流场分布。

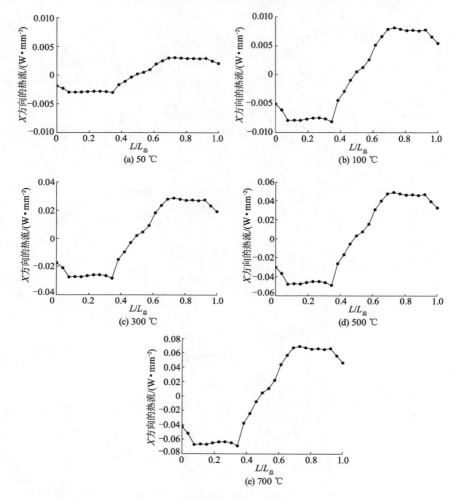

图 7.8 不同内壁面温度下监测路径 1 在 X 方向的热流场分布

由图 7.8 可知,在不同内壁面温度下,由上游取压口至下游取压口的路径上,X 方向的热流分布均出现了先减小后增大再减小的趋势,且在 $0.35L_{总}$ 和 $0.73L_{总}$ 处分别达到谷值和峰值。喷嘴流量计内壁面温度分别为 50,100,300,500,700 ℃时,监测路径 1 上 X 方向的热流最大峰值分别为 0.00305,0.00812,0.02840,0.04870,0.0690 W/mm²。由此可知,喷嘴流量计内壁面温度上升时,其监测路径 1 上 X 方向的热流峰值也随之增大。喷嘴流量计内壁面温度分别为 50,100,300,500,700 ℃时,监测路径 1 上 X 方向的热流最小谷值分别为 $-0.00304,-0.00810,-0.02840,-0.04870,-0.06900$ W/mm^2。当喷嘴流量计内壁面温度分别为 50,100,300,500,700 ℃时,监测路径 1 上 X 方向的热流最大幅值(最大峰值−最小谷值)分别为 0.00609,0.03650,0.07710,0.09740,0.13800 W/mm^2。由此可知,喷嘴流量计内壁面温度上升时,其监测路径 1 上 X 方向的热流最大幅值也随之增大。

图 7.9 所示为不同内壁面温度下监测路径 2 在 X 方向的热流场分布。

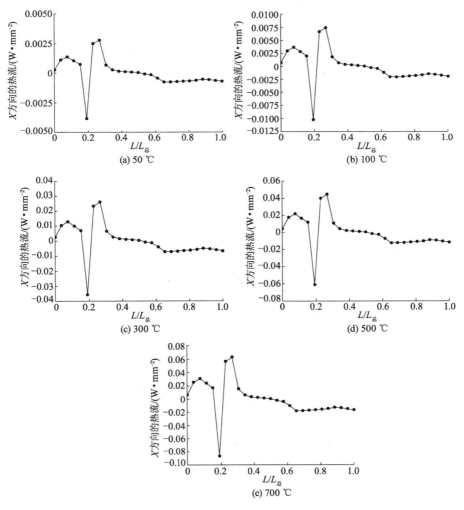

图 7.9　不同内壁面温度下监测路径 2 在 X 方向的热流场分布

由图 7.9 可知,在不同内壁面温度下,由内壁面至外壁面的路径上,X 方向的热流分布均出现了先增大后减小,再增大再减小的趋势,且在 $0.19L_{总}$ 和 $0.27L_{总}$ 处分别达到谷值和峰值。喷嘴流量计内壁面温度分别为 50,100, 300,500,700 ℃时,监测路径 2 上 X 方向的热流最大峰值分别为 0.0028, 0.0075,0.0261,0.0448,0.0635 W/mm^2。由此可知,喷嘴流量计内壁面温度上升时,其监测路径 2 上 X 方向的热流峰值也随之增大。喷嘴流量计内壁面温度分别为 50,100,300,500,700 ℃时,监测路径 2 上 X 方向的热流最小谷值分别为 $-0.0038,-0.0100,-0.0357,-0.0610,-0.0866$ W/mm^2。当喷嘴流量计内壁面温度分别为 50,100,300,500,700 ℃时,监测路径 2 上 X 方向的热流最大幅值(最大峰值-最小谷值)分别为 0.0066,0.0775,0.0618,0.1058, 0.1501 W/mm^2。由此可知,喷嘴流量计内壁面温度上升时,其监测路径 2 上 X 方向的热流最大幅值也随之增大。

图 7.10 所示为不同内壁面温度下监测路径 1 在 Y 方向的热流场分布。由图 7.10 可知,在不同内壁面温度下,由上游取压口至下游取压口的路径上, Y 方向的热流分布出现了多个峰值和谷值,且在 $0.08L_{总}$ 处均达到谷值。喷嘴流量计内壁面温度分别为 50,100,300,500,700 ℃时,监测路径 1 上 Y 方向的热流最大峰值分别为 0.00049,0.0013,0.0046,0.0079,0.0110 W/mm^2。由此可知,喷嘴流量计内壁面温度上升时,其监测路径 1 上 Y 方向的热流峰值也随之增大。喷嘴流量计内壁面温度分别为 50,100,300,500,700 ℃时,监测路径 1 上 Y 方向的热流最小谷值分别为 $-0.00027,-0.00071,-0.0025,-0.0043,$ -0.00604 W/mm^2。当喷嘴流量计内壁面温度分别为 50,100,300,500,700 ℃时,监测路径 1 上的热流最大幅值(最大峰值-最小谷值)分别为 0.00076, 0.00201,0.0071,0.0122,0.0170 W/mm^2。由此可知,随着喷嘴流量计内壁面温度上升时,其监测路径1上 Y 方向的热流最大幅值也随之增大。

图 7.11 所示为不同内壁面温度下监测路径 2 在 Y 方向的热流场分布。由图 7.11 可知,在不同内壁面温度下,由内壁面至外壁面的路径上, Y 方向的热流分布在 $0.19L_{总}$ 处均出现了较大的峰值。喷嘴流量计内壁面温度分别为 50,100,300,500,700 ℃时,监测路径 2 上 Y 方向的热流最大峰值分别为 0.00305,0.00813,0.02847,0.0488,0.0690 W/mm^2。由此可知,喷嘴流量计内壁面温度上升时,其监测路径 2 上 Y 方向的热流峰值也随之增大。

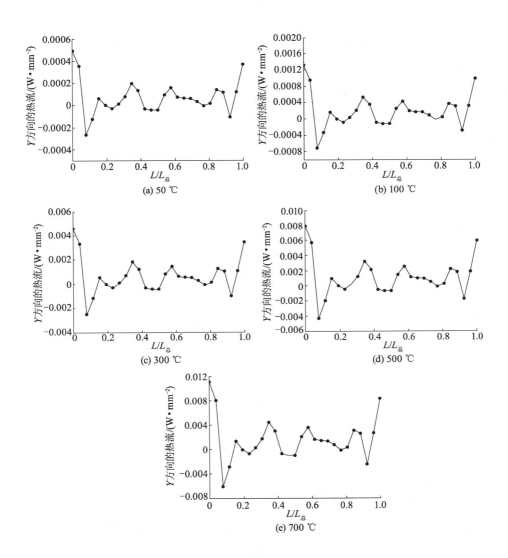

图 7.10 不同内壁面温度下监测路径 1 在 Y 方向的热流场分布

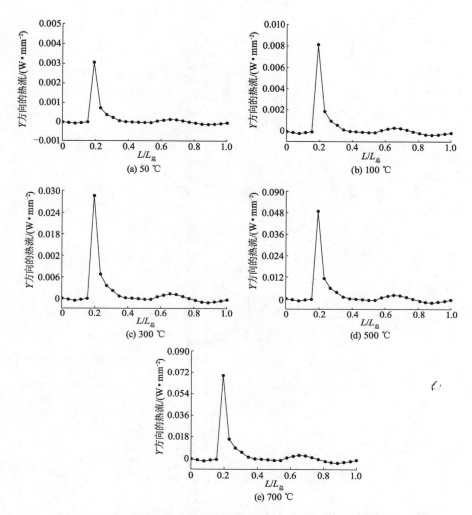

图 7.11　不同内壁面温度下监测路径 2 在 Y 方向的热流场分布

图 7.12 所示为不同内壁面温度下监测路径 1 在 Z 方向的热流场分布。由图 7.12 可知,在不同内壁面温度下,由上游取压口至下游取压口的路径上,Z 方向的热流分布均出现了先增大后减小再增大的趋势,且均在 $0.42L_总$ 和 $0.58L_总$ 处达到峰值,在 $0.5L_总$ 处出现谷值。喷嘴流量计内壁面温度分别为 50,100,300,500,700 ℃ 时,监测路径 1 上 Z 方向的热流最大峰值分别为 0.037325,0.099535,0.34837,0.59721,0.84604 W/mm² 。由此可知,喷嘴流量计内壁面温度上升时,其监测路径 1 上 Z 方向的热流峰值也随之增大。当喷嘴流量计内壁面温度分别为 50,100,300,500,700 ℃ 时,监测路径 1 上

$0.5L_{总}$ 处 Z 方向的热流值分别为 0.035299，0.094131，0.32946，0.56479，0.80011 W/mm^2。当喷嘴流量计内壁面温度分别为 50，100，300，500，700 ℃ 时，监测路径 1 上 Z 方向的热流最大幅值（最大峰值－最小谷值）分别为 0.002807，0.007488，0.02620，0.04493，0.06364 W/mm^2。由此可知，喷嘴流量计内壁面温度上升时，其监测路径 1 上 Z 方向的热流最大幅值也随之增大。由图 7.6 和 7.12 可知，不同内壁面温度下监测路径 1 上的总热流场主要由 Z 方向的热流场所决定。

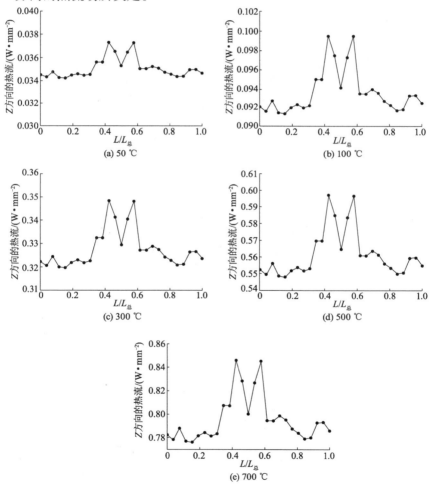

图 7.12　不同内壁面温度下监测路径 1 在 Z 方向的热流场分布

　　图 7.13 所示为不同内壁面温度下监测路径 2 在 Z 方向的热流场分布。由图 7.13 可知，在不同内壁面温度下，由内壁面至外壁面的路径上，Z 方向的热流

分布均出现了先增大后减小的趋势,且均在 $0.35L_总$ 处达到峰值。喷嘴流量计内壁面温度分别为 50,100,300,500,700 ℃时,监测路径 2 上 Z 方向的热流最大峰值分别为 0.036351,0.096936,0.33928,0.58162,0.82396 W/mm^2。由此可知,喷嘴流量计内壁面温度上升时,其监测路径 2 上 Z 方向的热流峰值也随之增大。

当喷嘴流量计内壁面温度分别为 50,100,300,500,700 ℃时,监测路径 2 上 Z 方向的热流最大幅值(最大峰值–最小谷值)分别为 0.0327101,0.087227,0.305299,0.523366,0.741434 W/mm^2。由此可知,喷嘴流量计内壁面温度上升时,其监测路径 2 上 Z 方向的热流最大幅值也随之增大。由图 7.7 和 7.13 可知,不同内壁面温度下监测路径 2 上的总热流场主要由 Z 方向的热流场决定。

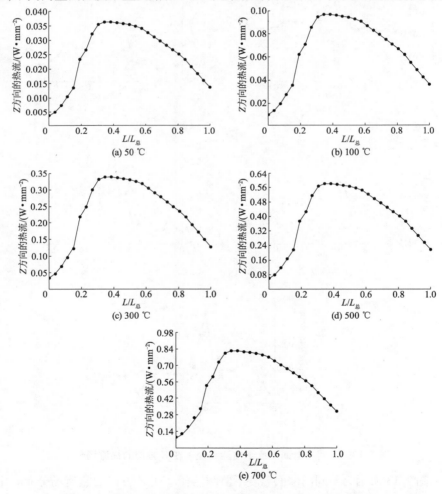

图 7.13 不同内壁面温度下监测路径 2 在 Z 方向的热流场分布

7.1.3　热应力分析

图 7.14 为不同内壁面温度下喷嘴流量计中截面热应力分布图。

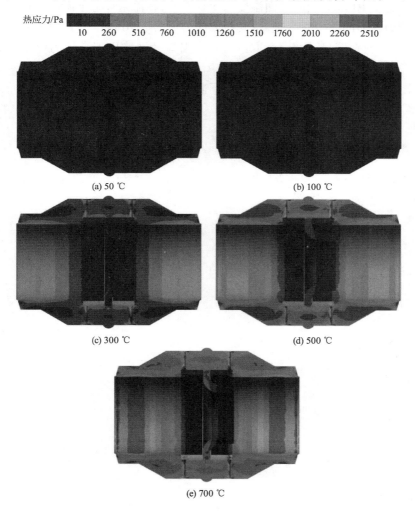

图 7.14　不同内壁面温度下流量计中截面热应力分布

从图 7.14 中可以看出,当外壁面温度保持 20 ℃ 不变时,喷嘴流量计内部平均热应力值随着内壁面温度的升高而增大。当内壁面温度为 50 ℃ 时,喷嘴流量计内部热应力值均低于 10 Pa,流量计内部没有出现较为明显的应力集中现象。当内壁面温度上升为 100 ℃ 时,喷嘴流量计内部整体热应力值仍较低,且在流量计上下游取压口处出现了强度较低的应力集中现象,其值为

510 Pa。当内壁面温度为 300 ℃时,喷嘴流量计内部热应力值出现了较为明显的增大,应力主要集中于内部上下游取压口和流量计进出口附近,其最大应力值为 1010 Pa。当内壁面温度为 500 ℃时,在流量计上下游取压口区域出现了较为明显的应力集中现象,其最大应力值为 2510 Pa。当内壁面温度上升为 700 ℃时,在流量计上下游取压口和进出口区域均出现了较为明显的应力集中现象,其最大应力值为 2510 Pa。

图 7.15 所示为不同内壁面温度下监测路径 1 的热应力分布。

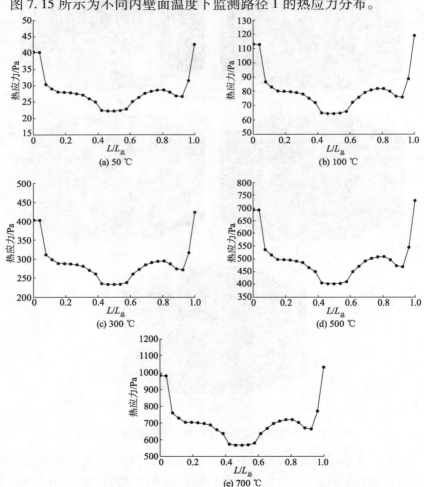

图 7.15 不同内壁面温度下监测路径 1 的热应力分布

由图 7.15 可知,在不同内壁面温度下,由上游取压口至下游取压口的路径上,热应力分布均出现了先减小后增大的趋势,且均在 $0.5L_{总}$ 处达到谷值。

喷嘴流量计内壁面温度分别为 50,100,300,500,700 ℃时,监测路径 1 上的热应力最大峰值分别为 42.63,118.81,423.61,728.41,1033.2 Pa。喷嘴流量计内壁面温度分别为 50,100,300,500,700 ℃时,监测路径 1 上的热应力最小谷值分别为 22.25,64.28,232.74,401.23,569.73 Pa。由此可知,喷嘴流量计内壁面温度上升时,其监测路径 1 上的热应力峰值和谷值均随之增大。当喷嘴流量计内壁面温度分别为 50,100,300,500,700 ℃时,监测路径 1 上的热应力最大幅值(最大峰值-最小谷值)分别为 20.11,54.53,190.87,327.18,463.47 Pa。由此可知,喷嘴流量计内壁面温度上升时,其监测路径 1 上的热应力最大幅值也随之增大。

图 7.16 所示为不同内壁面温度下监测路径 2 的热应力分布。

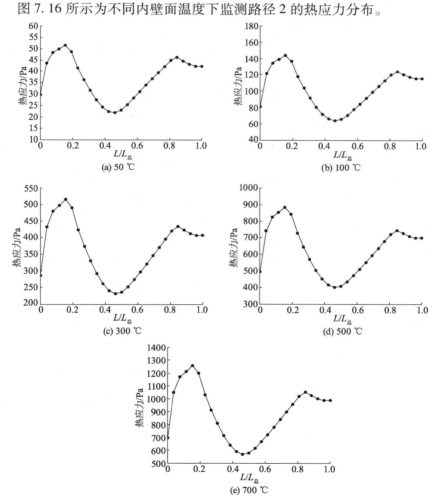

图 7.16　不同内壁面温度下监测路径 2 的热应力分布

由图 7.16 可知,在不同内壁面温度下,由内壁面至外壁面的路径上,温度分布均出现先增大后减小,再增大再减小的趋势,且均在 $0.15L_总$ 处达到最大值,在 $0.46L_总$ 处达到最小值。喷嘴流量计内壁面温度分别为 50,100,300,500,700 ℃时,监测路径 2 上的热应力最大值分别为 51.56,144.25,515.08,885.91,1256.8 Pa。喷嘴流量计内壁面温度分别为 50,100,300,500,700 ℃时,监测路径 2 上的热应力最小值分别为 22.02,64.07,232.56,401.08,569.6 Pa。由此可知,喷嘴流量计内壁面温度上升时,其监测路径 2 上的热应力最大值和最小值也随之增大。当喷嘴流量计内壁面温度分别为 50,100,300,500,700 ℃时,监测路径 2 上的热应力最大幅值(最大峰值-最小谷值)分别为 29.54,80.18,282.52,484.83,687.2 Pa。由此可知,喷嘴流量计内壁面温度上升时,其监测路径 2 上的热应力最大幅值也随之增大。

7.1.4　热变形分析

图 7.17 所示为不同内壁面温度下喷嘴流量计中截面热变形分布图。从图 7.17 中可以看出,当外壁面温度保持 20 ℃不变时,喷嘴流量计内部平均热变形值随着内壁面温度的升高而增大。当内壁面温度为 50 ℃和 100 ℃时,喷嘴流量计内部热变形值均低于 0.13 mm,流量计内部没有出现较为明显的应力集中现象。当内壁面温度为 300 ℃时,喷嘴流量计内部热变形值出现了较为明显的增大,大变形区域主要集中于内部上下游取压口和八槽喷嘴进出口附近,其最大热变形值为 0.39 mm。当内壁面温度为 500 ℃时,在流量计上下游取压口和八槽喷嘴出口处出现了较为明显的热变形区域,其最大热变形值为 0.78 mm。当内壁面温度上升为 700 ℃时,在流量计上下游取压口和八槽喷嘴进出口处热变形值均出现较为明显的增大,其最大热变形值为 1.30 mm。由此可知,喷嘴流量计内壁面温度上升时,其内部的最大热变形幅值也随之增大。

图 7.18 所示为不同内壁面温度下监测路径 1 的热变形分布。由图 7.18 可知,在不同内壁面温度下,由上游取压口至下游取压口的路径上,热变形分布均出现了先增大后减小的趋势,且均在 $0.58L_总$ 处达到峰值。喷嘴流量计内壁面温度分别为 50,100,300,500,700 ℃时,监测路径 1 上的热变形最大峰值分别为 0.039,0.110,0.410,0.710,1.010 mm。由此可知,喷嘴流量计内壁面温度上升时,其监测路径 1 上的热变形峰值也随之增大。

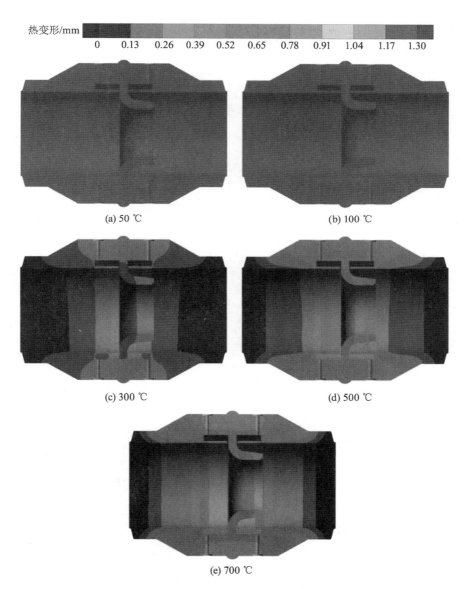

热变形/mm

0　0.13　0.26　0.39　0.52　0.65　0.78　0.91　1.04　1.17　1.30

(a) 50 ℃

(b) 100 ℃

(c) 300 ℃

(d) 500 ℃

(e) 700 ℃

图 7.17　不同内壁面温度下喷嘴流量计中截面热变形分布

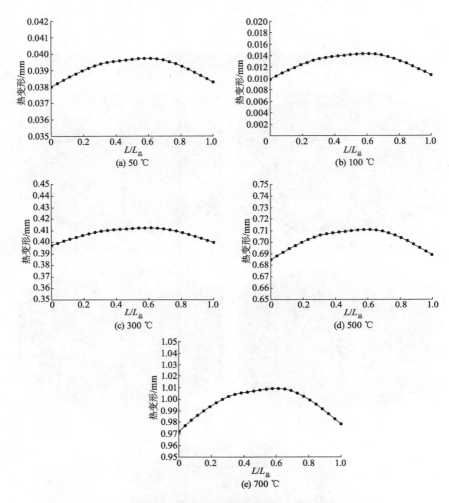

图 7.18　不同内壁面温度下监测路径 1 的热变形分布

　　图 7.19 所示为不同内壁面温度下监测路径 2 的热变形分布。由图 7.19 可知,在不同内壁面温度下,由内壁面至外壁面的路径上,热变形分布均出现先增大后减小的趋势,且均在 $0.65L_{总}$ 处达到最大值。喷嘴流量计内壁面温度分别为 50,100,300,500,700 ℃ 时,监测路径 2 上的热变形最大值分别为 0.04,0.12,0.42,0.72,1.03 mm。由此可知,喷嘴流量计内壁面温度上升时,其监测路径 2 上的热变形最大值也随之增大。

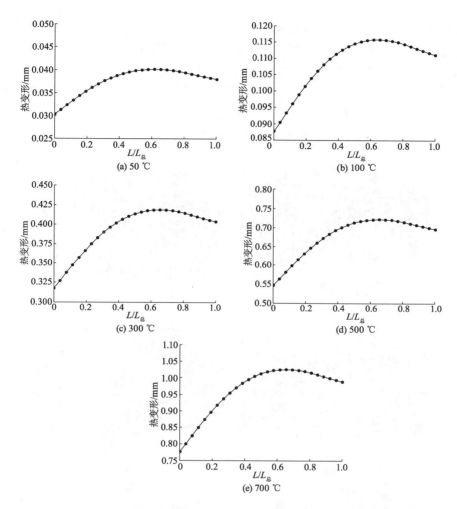

图 7.19　不同内壁面温度下监测路径 2 的热变形分布

7.2　不同内壁面温度对流量计瞬态热效应的影响

7.2.1　温度场分析

图 7.20 所示为内壁面温度为 50 ℃时流量计中截面瞬态温度分布图。从图 7.20 中可以看出,当外壁面温度保持 20 ℃不变时,内壁面温度为 50 ℃时,喷嘴流量计内部温度随着热传递效应的发展由内壁面逐渐向外壁面传递,八槽喷嘴外壁面的高温逐渐向内部中心区域传递。当 $t=0$ s 时,喷嘴流量计内

部存在温度较低的区域,其值为 12 ℃。当 $t=1.5$ s 时,喷嘴流量计内壁面的温度逐渐向外壁面传递,内部温度较低的区域逐渐消失。$t=3.0\sim7.5$ s 的过程中,上下游取压口周围与八槽喷嘴内部的温度逐渐升高,在 $t=7.5$ s 时八槽喷嘴内部温度均升高到 50 ℃。由此可知,随着时间的发展,喷嘴流量计内壁面温度逐渐向外壁面传递。

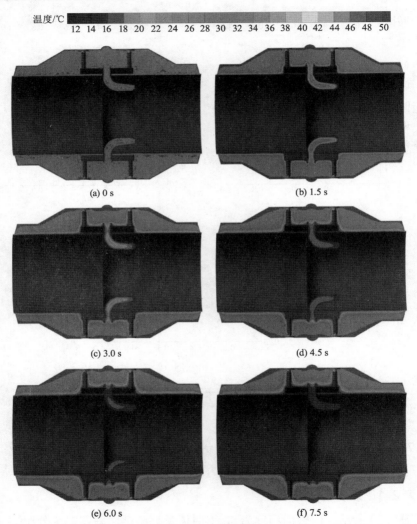

图 7.20   内壁面温度为 50 ℃时流量计中截面瞬态温度分布

图 7.21 所示为内壁面温度为 100 ℃时流量计中截面瞬态温度分布图。从图 7.21 中可以看出,当外壁面温度保持 20 ℃不变,内壁面温度为 100 ℃

时,喷嘴流量计内部温度随着热传递效应的发展由内壁面逐渐向外壁面传递,八槽喷嘴外壁面的高温逐渐向内部中心区域传递。

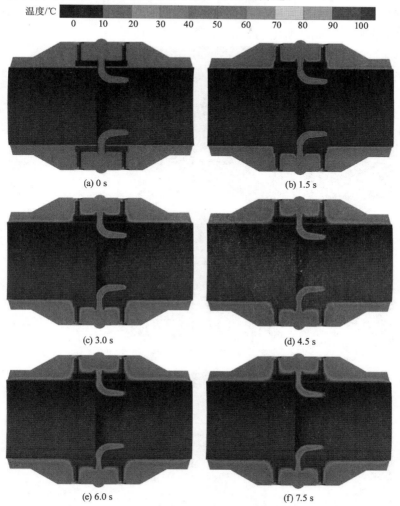

图 7.21　内壁面为 100 ℃时流量计中截面瞬态温度分布

　　当 $t = 0$ s 时,喷嘴流量计内部存在温度较低的区域,其值为 10 ℃。当 $t = 3.0$ s 时,喷嘴流量计内壁面的温度逐渐向外壁面传递,其内部温度较低的区域逐渐消失。$t = 4.5 \sim 7.5$ s 的过程中,上下游取压口周围与八槽喷嘴内部的温度逐渐升高,但是热传递的速率较慢,在内壁面附近产生了较为明显的温度分层,温度在 $30 \sim 40$ ℃之间的区域面积最大。在 $t = 7.5$ s 时,八槽喷嘴内部温度达到较大值,其值为 70 ℃。

图 7.22 所示为内壁面温度为 300 ℃时流量计中截面瞬态温度分布图。从图 7.22 中可以看出，当外壁面温度保持 20 ℃不变时，内壁面温度为 300 ℃时，喷嘴流量计内部温度随着热传递效应的发展由内壁面逐渐向外壁面传递，八槽喷嘴外壁面的高温逐渐向内部中心区域传递。

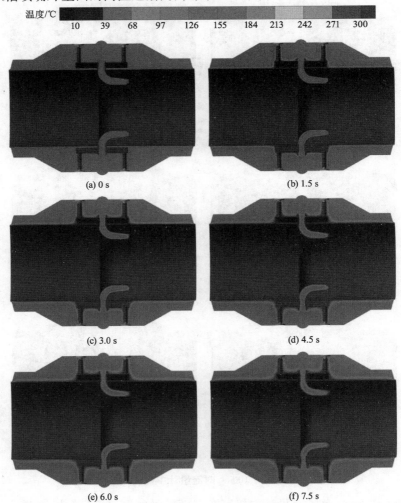

图 7.22　内壁面温度为 300 ℃时流量计中截面瞬态温度分布

当 $t=0$ s 时，喷嘴流量计内部存在温度较低的区域，其值为 10 ℃。当 $t=3.0$ s 时，喷嘴流量计内壁面的温度逐渐向外壁面传递，其内部温度较低的区域逐渐消失。$t=4.5\sim7.5$ s 的过程中，上下游取压口周围与八槽喷嘴内部的温度逐渐升高，但是热传递的速率较慢，在内壁面附近产生了较为明显的温度分层,温度在 68~97 ℃ 之间的区域面积最大。在 $t=7.5$ s 时,八槽喷嘴内部温度达到较大值,其值为 184 ℃。

　　图 7.23 所示为内壁面温度为 500 ℃ 时流量计中截面瞬态温度分布图。从图 7.23 中可以看出,当外壁面温度保持 20 ℃ 不变时,内壁面温度为 500 ℃ 时,喷嘴流量计内部温度随着热传递效应的发展由内壁面逐渐向外壁面传递,八槽喷嘴外壁面的高温逐渐向内部中心区域传递。

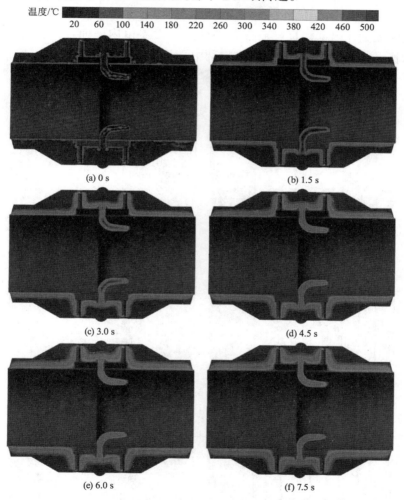

图 7.23　内壁面温度为 500 ℃时流量计中截面瞬态温度分布

　　当 $t=0$ s 时,喷嘴流量计内部存在温度较低的区域,其值为 20 ℃。当 $t=3.0$ s 时,喷嘴流量计内壁面的温度逐渐向外壁面传递,其内部温度较低的区域逐渐消失。$t=4.5\sim7.5$ s 的过程中,上下游取压口周围与八槽喷嘴内部的温度逐渐升高,但是热传递的速率较慢,在内壁面附近产生了较为明显的温度分层。温度在 $60\sim100$ ℃ 之间的区域(靠近外壁面)面积最大,但是与图 7.14 相比,该区域面积明显减小,靠近内壁面的高温区域面积明显增大。在 $t=7.5$ s 时,八槽喷嘴内部温度达到较大值,其值为 300 ℃。

图 7.24 所示为内壁面温度为 700 ℃时流量计中截面瞬态温度分布图。从图 7.24 中可以看出,当外壁面温度保持 20 ℃不变时,内壁面温度为 700 ℃时,喷嘴流量计内部温度随着热传递效应的发展由内壁面逐渐向外壁面传递,八槽喷嘴外壁面的高温逐渐向内部中心区域传递。

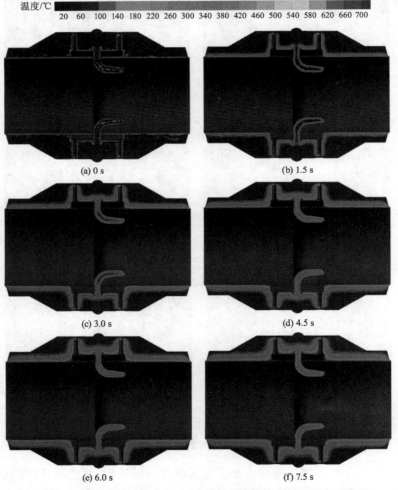

图 7.24 内壁面温度为 700 ℃时流量计中截面瞬态温度分布

当 $t = 0$ s 时, 喷嘴流量计内部存在温度较低的区域, 其值为 20 ℃。当 $t =$ 3.0 s 时, 喷嘴流量计内壁面的温度逐渐向外壁面传递, 其内部温度较低的区域逐渐消失。$t = 4.5 \sim 7.5$ s 的过程中, 上下游取压口周围与八槽喷嘴内部的温度逐渐升高, 但是热传递的速率较慢, 在内壁面附近产生了较为明显的温度分层。温度在 $100 \sim 140$ ℃ 之间的区域(靠近外壁面)面积最大, 但是与图 7.14 相比, 该区域面积明显减小, 靠近内壁面的高温区域面积明显增大。在 $t = 7.5$ s 时八槽喷嘴内部温度达到较大值, 其值为 460 ℃。

7.2.2 热流场分析

图 7.25 所示为内壁面温度为 50 ℃ 时流量计中截面瞬态热流分布图。

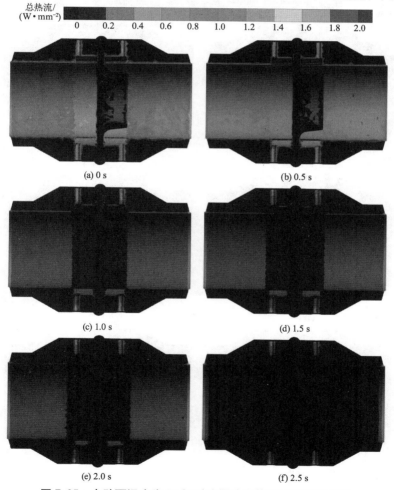

图 7.25 内壁面温度为 50 ℃时流量计中截面瞬态热流分布

从图 7.25 中可以看出,当外壁面温度保持 20 ℃不变,内壁面温度为 50 ℃时,喷嘴流量计内部热流值随着热传递效应的发展由内部向进出口和上下游取压口转移,八槽喷嘴内的高热流区域逐渐减小。当 $t=0$ s 时,喷嘴流量计内部存在面积较大的高热流区域,其值为 2 W/mm²。当 $t=0.5$ s 时,喷嘴流量计内壁面的高热流区域面积逐渐减小,八槽喷嘴内部的热流值也在逐渐降低。$t=1.0 \sim 2.5$ s 的过程中,上下游取压口周围的热流值降低到 0.6 W/mm²,内部低热流值区域面积逐渐超过高热流区域。在 $t=2.5$ s 时,高热流区域主要集中于上下游取压口和进出口处,其值为 0.8 W/mm²。

图 7.26 所示为内壁面温度为 100 ℃时流量计中截面瞬态热流分布图。

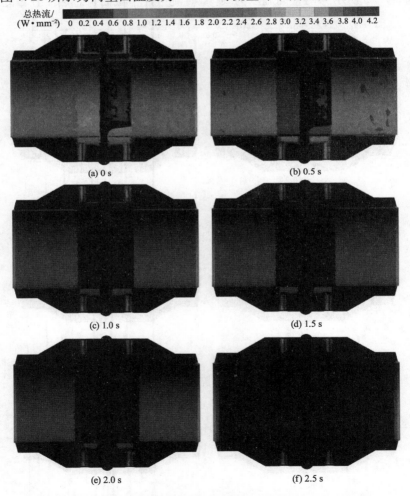

图 7.26   内壁面温度为 100 ℃时流量计中截面瞬态热流分布

从图 7.26 中可以看出,当外壁面温度保持 20 ℃ 不变,内壁面温度为 100 ℃ 时,喷嘴流量计内部热流值随着热传递效应的发展由内部向进出口和上下游取压口转移,八槽喷嘴内的高热流区域逐渐减小。当 $t=0$ s 时,喷嘴流量计内部存在面积较大的高热流区域,其值为 4.2 W/mm^2。当 $t=0.5$ s 时,喷嘴流量计内壁面的高热流区域面积逐渐减小,八槽喷嘴内部的热流值也在逐渐降低。$t=1.0\sim2.5$ s 的过程中,上下游取压口周围的热流值降低到 1.2 W/mm^2,内部低热流值区域面积逐渐超过高热流区域。在 $t=2.5$ s 时,高热流区域主要集中于上下游取压口和进出口处,其值为 1.4 W/mm^2。

图 7.27 所示为内壁面温度为 300 ℃ 时流量计中截面瞬态热流分布图。

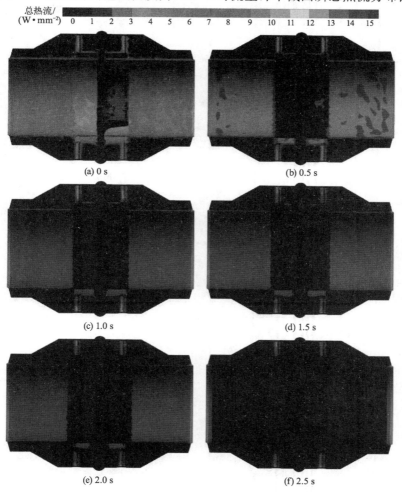

图 7.27 内壁面温度为 300 ℃ 时流量计中截面瞬态热流分布

  从图 7.27 中可以看出,当外壁面温度保持 20 ℃不变,内壁面温度为 300 ℃时,喷嘴流量计内部热流值随着热传递效应的发展由内部向进出口和上下游取压口转移,八槽喷嘴内的高热流区域逐渐减小。当 $t = 0$ s 时,喷嘴流量计内部存在面积较大的高热流区域,其值为 15 W/mm²。当 $t = 0.5$ s 时,喷嘴流量计内壁面的高热流区域面积逐渐减小,八槽喷嘴内部的热流值也在逐渐降低。$t = 1.0 \sim 2.5$ s 的过程中,上下游取压口周围的热流值降低到 4 W/mm²,内部低热流值区域面积逐渐超过高热流区域。在 $t = 2.5$ s 时,高热流区域主要集中于上下游取压口和进出口处,其值为 6 W/mm²。

  图 7.28 所示为内壁面温度为 500 ℃时流量计中截面瞬态热流分布图。

图 7.28 内壁面温度为 500 ℃时流量计中截面瞬态热流分布

从图 7.28 中可以看出,当外壁面温度保持 20 ℃ 不变,内壁面温度为 500 ℃时,喷嘴流量计内部热流值随着热传递效应的发展由内部向进出口和上下游取压口转移,八槽喷嘴内的高热流区域逐渐减小。当 $t=0$ s 时,喷嘴流量计内部存在面积较大的高热流区域,其值为 26 W/mm²。当 $t=0.5$ s 时,喷嘴流量计内壁面的高热流区域面积逐渐减小,八槽喷嘴内部的热流值也在逐渐降低。$t=1.0\sim2.5$ s 的过程中,上下游取压口周围的热流值降低到 8 W/mm²,内部低热流值区域面积逐渐超过高热流区域。在 $t=2.5$ s 时,高热流区域主要集中于上下游取压口和进出口处,其值为 10 W/mm²。

图 7.29 所示为内壁面温度为 700 ℃时流量计中截面瞬态热流分布图。

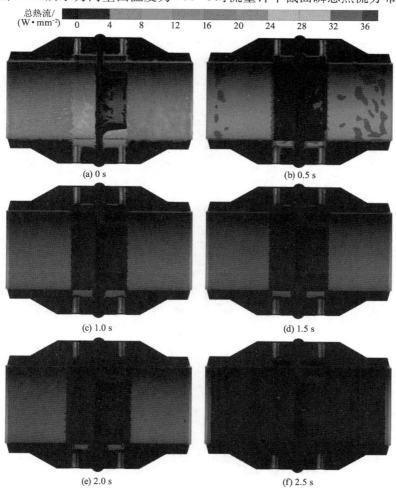

图 7.29　内壁面温度为 700 ℃时流量计中截面瞬态热流分布

从图 7.29 中可以看出,当外壁面温度保持 20 ℃不变,内壁面温度为 700 ℃时,喷嘴流量计内部热流值随着热传递效应的发展由内部向进出口和上下游取压口转移,八槽喷嘴内的高热流区域逐渐减小。当 $t=0$ s 时,喷嘴流量计内部存在面积较大的高热流区域,其值为 36 W/mm²。当 $t=0.5$ s 时,喷嘴流量计内壁面的高热流区域面积逐渐减小,八槽喷嘴内部的热流值也在逐渐降低。$t=1.0\sim2.5$ s 的过程中,上下游取压口周围的热流值降低到 12 W/mm²,内部低热流值区域面积逐渐超过高热流区域。在 $t=2.5$ s 时,高热流区域主要集中于上下游取压口和进出口处,其值为 14 W/mm²。

7.2.3 热应力分析

图 7.30 所示为内壁面温度为 50 ℃时流量计中截面瞬态热应力分布图。

图 7.30 内壁面温度为 50 ℃时流量计中截面瞬态热应力分布

从图 7.30 中可以看出，当外壁面温度保持 20 ℃不变，内壁面温度为 50 ℃时，喷嘴流量计内部的高热应力区域主要集中于流量计上下游取压口和流量计进出口附近。

随着流体逐渐流过流量计，流量计取压口的高热应力区域逐渐扩大，且其热应力值也逐渐增大。$t=0$ s 时，喷嘴流量计内部的高热应力区域面积较少，其最大热应力值为 44 Pa。$t=0.5$ s 时，喷嘴流量计内壁面的高热应力区域面积逐渐扩大，上下游取压口附近的热应力值增大得较为明显。$t=1.0\sim2.0$ s 的过程中，上下游取压口周围的热应力值为 154 Pa。$t=2.5$ s 时，高热应力区域主要集中于上下游取压口和进出口处，其值为 220 Pa。

图 7.31 所示为内壁面温度为 100 ℃时流量计中截面瞬态热应力分布图。

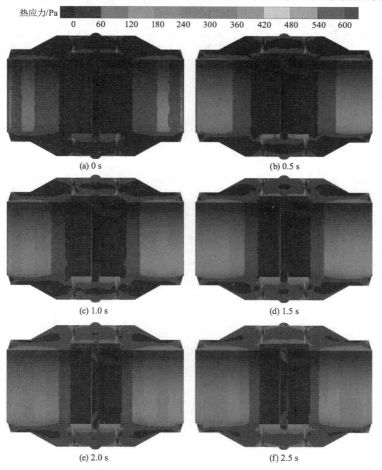

图 7.31　内壁面温度为 100 ℃时流量计中截面瞬态热应力分布

从图 7.31 中可以看出,当外壁面温度保持 20 ℃不变,内壁面温度为 100 ℃时,喷嘴流量计内部的高热应力区域主要集中于流量计上下游取压口和流量计进出口附近。随着流体逐渐流过流量计,流量计取压口的高热应力区域逐渐扩大,且其热应力值也逐渐增大。$t=0$ s 时,喷嘴流量计内部的高热应力区域面积较少,其最大热应力值为 180 Pa。$t=0.5$ s 时,喷嘴流量计内壁面的高热应力区域面积逐渐扩大,上下游取压口附近的热应力值增大得较为明显。$t=1.0\sim2.0$ s 的过程中,上下游取压口周围的热应力值为 420 Pa。$t=2.5$ s 时,高热应力区域主要集中于上下游取压口和进出口处,其值为 600 Pa。

图 7.32 所示为内壁面温度为 300 ℃时流量计中截面瞬态热应力分布图。

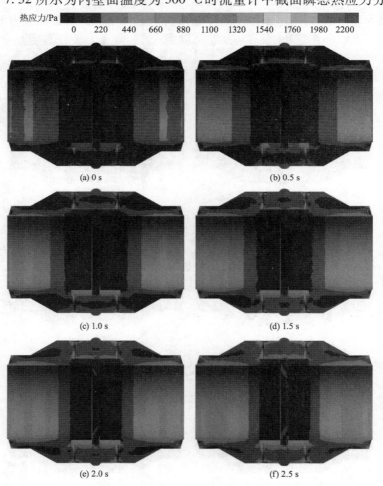

图 7.32　内壁面温度为 300 ℃时流量计中截面瞬态热应力分布

从图 7.32 中可以看出,当外壁面温度保持 20 ℃不变,内壁面温度为 300 ℃时,喷嘴流量计内部的高热应力区域主要集中于流量计上下游取压口和流量计进出口附近。随着流体逐渐流过流量计,流量计取压口的高热应力区域逐渐扩大,且其热应力值也逐渐增大。

$t=0$ s 时,喷嘴流量计内部的高热应力区域面积较少,其最大热应力值为 600 Pa。$t=0.5$ s 时,喷嘴流量计内壁面的高热应力区域面积逐渐扩大,上下游取压口附近的热应力值增大得较为明显。$t=1.0 \sim 2.0$ s 的过程中,上下游取压口周围的热应力值为 1540 Pa。$t=2.5$ s 时,高热应力区域主要集中于上下游取压口和进出口处,其值为 2200 Pa。

图 7.33 所示为内壁面温度为 500 ℃时流量计中截面瞬态热应力分布图。

图 7.33　内壁面温度为 500 ℃时流量计中截面瞬态热应力分布

从图 7.33 中可以看出,当外壁面温度保持 20 ℃不变,内壁面温度为 500 ℃时,喷嘴流量计内部的高热应力区域主要集中于流量计上下游取压口和流量计进出口附近。随着流体逐渐流过流量计,流量计取压口的高热应力区域逐渐扩大,且其热应力值也逐渐增大。

$t=0$ s 时,喷嘴流量计内部的高热应力区域面积较少,其最大热应力值为 1100 Pa。$t=0.5$ s 时,喷嘴流量计内壁面的高热应力区域面积逐渐扩大,上下游取压口附近的热应力值增大得较为明显。$t=1.0\sim2.0$ s 的过程中,上下游取压口周围的热应力值为 2590 Pa。$t=2.5$ s 时,高热应力区域主要集中于上下游取压口和进出口处,其值为 3700 Pa。

图 7.34 所示为内壁面温度为 700 ℃时流量计中截面瞬态热应力分布图。

图 7.34 内壁面温度为 700 ℃时流量计中截面瞬态热应力分布

　　从图 7.34 中可以看出,当外壁面温度保持 20 ℃不变,内壁面温度为 700 ℃时,喷嘴流量计内部的高热应力区域主要集中于流量计上下游取压口和流量计进出口附近。

　　随着流体逐渐流过流量计,流量计取压口的高热应力区域逐渐扩大,且其热应力值也逐渐增大。$t=0$ s 时,喷嘴流量计内部的高热应力区域面积较少,其最大热应力值为 1560 Pa。$t=0.5$ s 时,喷嘴流量计内壁面的高热应力区域面积逐渐扩大,上下游取压口附近的热应力值增大得较为明显。$t=1.0\sim 2.0$ s 的过程中,上下游取压口周围的热应力值为 3640 Pa。$t=2.5$ s 时,高热应力区域主要集中于上下游取压口和进出口处,其值为 5200 Pa。

7.2.4　热变形分析

　　图 7.35 所示为内壁面温度为 50 ℃时流量计中截面瞬态热变形分布图。

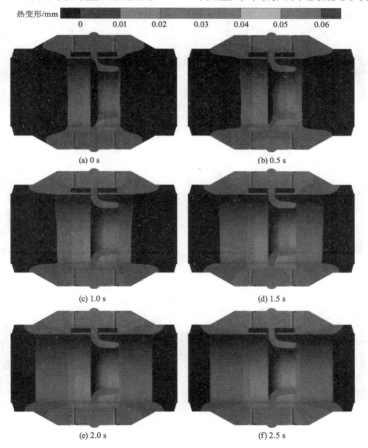

图 7.35　内壁面温度为 50 ℃时流量计中截面瞬态热变形分布

从图 7.35 中可以看出,当外壁面温度保持 20 ℃不变,内壁面温度为 50 ℃时,喷嘴流量计内部的高热变形区域主要集中于流量计上下游取压口和八槽喷嘴进出口附近。随着流体逐渐流过流量计,流量计取压口的高热变形区域面积逐渐扩大,且其热变形值也逐渐增大。$t=0$ s 时,喷嘴流量计内部的高热变形区域面积较小,其最大热变形值为 0.02 mm。$t=0.5$ s 时,喷嘴流量计内壁面的高热变形区域面积逐渐扩大,上下游取压口附近的热变形值增大得较为明显。$t=1.0\sim2.0$ s 的过程中,上下游取压口周围的热变形值为 0.05 mm。$t=2.5$ s 时,高热变形区域主要集中于上下游取压口和进出口处,其值为 0.06 mm。

图 7.36 所示为内壁面温度为 100 ℃时流量计中截面瞬态热变形分布图。

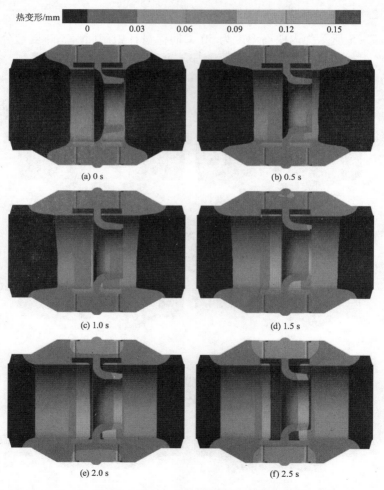

图 7.36　内壁面温度为 100 ℃时流量计中截面瞬态热变形分布

从图 7.36 中可以看出,当外壁面温度保持 20 ℃不变,内壁面温度为 100 ℃时,喷嘴流量计内部的高热变形区域主要集中于流量计上下游取压口和八槽喷嘴进出口附近。随着流体逐渐流过流量计,流量计取压口的高热变形区域面积逐渐扩大,且其热变形值也逐渐增大。$t = 0$ s 时,喷嘴流量计内部的高热变形区域面积较小,其最大热变形值为 0.06 mm。$t = 0.5$ s 时,喷嘴流量计内壁面的高热变形区域面积逐渐扩大,上下游取压口附近的热变形值增大得较为明显。$t = 1.0 \sim 2.0$ s 的过程中,上下游取压口周围的热变形值为 0.13 mm。$t = 2.5$ s 时,高热变形区域主要集中于上下游取压口和进出口处,其值为 0.15 mm。

图 7.37 所示为内壁面温度为 300 ℃时流量计中截面瞬态热变形分布图。

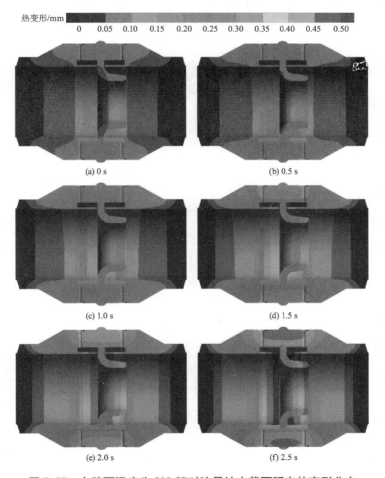

(a) 0 s　　　　　　　　　　　(b) 0.5 s

(c) 1.0 s　　　　　　　　　　　(d) 1.5 s

(e) 2.0 s　　　　　　　　　　　(f) 2.5 s

图 7.37　内壁面温度为 300 ℃时流量计中截面瞬态热变形分布

从图 7.37 中可以看出,当外壁面温度保持 20 ℃不变,内壁面温度为 300 ℃时,喷嘴流量计内部的高热变形区域主要集中于流量计上下游取压口和八槽喷嘴进出口附近。随着流体逐渐流过流量计,流量计取压口的高热变形区域面积逐渐扩大,且其热变形值也逐渐增大。$t=0$ s 时,喷嘴流量计内部的高热变形区域面积较小,其最大热变形值为 0.2 mm。$t=0.5$ s 时,喷嘴流量计内壁面的高热变形区域面积逐渐扩大,上下游取压口附近的热变形值增大得较为明显。$t=1.0\sim2.0$ s 的过程中,上下游取压口周围的热变形值为 0.45 mm。$t=2.5$ s 时,高热变形区域主要集中于上下游取压口和进出口处,其值为 0.5 mm。

图 7.38 所示为内壁面温度为 500 ℃时流量计中截面瞬态热变形分布图。

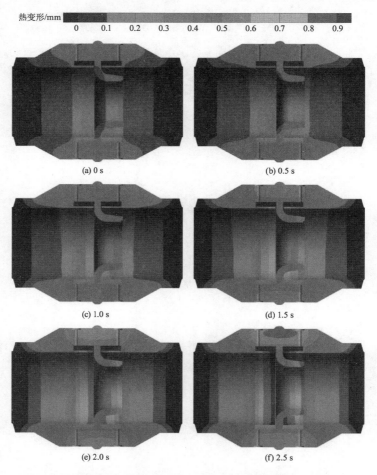

图 7.38 内壁面温度为 500 ℃时流量计中截面瞬态热变形分布

从图 7.38 中可以看出,当外壁面温度保持 20 ℃不变,内壁面温度为 500 ℃时,喷嘴流量计内部的高热变形区域主要集中于流量计上下游取压口和八槽喷嘴进出口附近。随着流体逐渐流过流量计,流量计取压口的高热变形区域面积逐渐扩大,且其热变形值也逐渐增大。$t=0$ s 时,喷嘴流量计内部的高热变形区域面积较小,其最大热变形值为 0.3 mm。$t=0.5$ s 时,喷嘴流量计内壁面的高热变形区域面积逐渐扩大,上下游取压口附近的热变形值增大得较为明显。$t=1.0 \sim 2.0$ s 的过程中,上下游取压口周围的热变形值为 0.8 mm。$t=2.5$ s 时,高热变形区域主要集中于上下游取压口和进出口处,其值为 0.9 mm。

图 7.39 所示为内壁面温度为 700 ℃时流量计中截面瞬态热变形分布图。

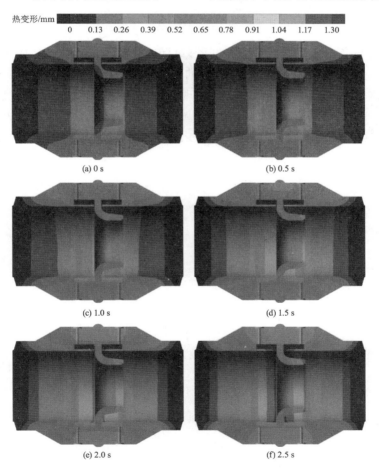

图 7.39　内壁面温度为 700 ℃时流量计中截面瞬态热变形分布

从图 7.39 中可以看出，当外壁面温度保持 20 ℃不变，内壁面温度为 700 ℃时，喷嘴流量计内部的高热变形区域主要集中于流量计上下游取压口和八槽喷嘴进出口附近。随着流体逐渐流过流量计，流量计取压口的高热变形区域面积逐渐扩大，且其热变形值也逐渐增大。$t=0$ s 时，喷嘴流量计内部的高热变形区域面积较小，其最大热变形值为 0.52 mm。$t=0.5$ s 时，喷嘴流量计内壁面的高热变形区域面积逐渐扩大，上下游取压口附近的热变形值增大得较为明显。$t=1.0\sim2.0$ s 的过程中，上下游取压口周围的热变形值为 1.17 mm。$t=2.5$ s 时，高热变形区域主要集中于上下游取压口和进出口处，其值为 1.30 mm。

7.3 结论

本章在五种不同的内壁面温度下，对标准喷嘴流量计的热效应进行了数值模拟。研究发现：随着内壁面温度的上升，在流量计上下游取压口和进出口区域均出现了较为明显的应力集中现象，且热应力值随着壁面温度的上升而增大。流量计上下游取压口和八槽喷嘴进出口区域均出现了较大的热变形区域，且热变形值随着内壁面温度的上升而增大。

第 8 章　总结与展望

节流式流量计作为一种计量器具已被广泛使用,之前的研究基本集中于计量特性研究,而本书重点对节流式流量计的安全特性、流固场特性、热效应特性及应用进行研究。

8.1　节流式流量计研究情况

8.1.1　节流式流量计安全性研究

原有的节流式流量计前夹持环、后夹持环与孔板连接处存在多处突变,应力集中。第 3 章对节流式流量计进行使用工况下的应力分析,采用 ANSYS 有限元分析软件对四种典型的节流式流量计——Φ273×20 标准喷嘴流量计、Φ273×20 标准孔板流量计、Φ273×25 标准喷嘴流量计和 Φ273×25 长径喷嘴流量计建立了相应的数学模型,以流量计实际运行工况作为计算载荷,设定边界条件,分析了四种典型结构在工况 1(无温度载荷工况)和工况 2(有温度载荷工况)下的应力状况。在考虑温度载荷的条件下,四种典型结构节流式流量计在承受设计压力时,两个标准喷嘴流量计和一个标准孔板流量计在环室短接和节流件的焊缝根部出现很大的峰值应力,长径喷嘴流量计在测量管销孔出现较大的峰值应力。但在此峰值应力下,节流式流量计焊缝未出现垮塌。鉴于应力分析的局限性,为了进一步验证该处焊缝的应力,再采用 ASME“载荷和抗力系数设计”概念的极限分析法对四种典型的节流式流量计做进一步分析,采用 1.5 倍的设计压力进行极限应力法计算,并分 20 步采用载荷增量比例法加载。分析表明,在考虑载荷系数后,计算过程未遇结构的极限载荷,也未发生塑性垮塌,载荷与位移呈线性关系。应力分析证明,节流式流量计焊缝处应力集中,虽然在承受有限次设计载荷时不会出现垮塌,但是用于压力载荷和温度载荷交变条件下,极易萌生裂纹,出现疲劳失效。

前、后夹持环和节流件是线膨胀系数不同的两种材料,该处连接焊缝存在异种钢焊接问题。为研究异种钢焊接对该处使用工况下应力的影响,第 4 章针对节流式流量计制造焊缝存在异种钢焊接问题,采用 ANSYS 有限元分析软件进行应力分析。选取 $\Phi273\times25$ 标准喷嘴流量计作为分析对象,在焊缝结构不变的前提下,调整焊缝的形态:第一种焊缝形态,环室短接内表面侧第一层焊缝为不锈钢材质,其余三层为 12Cr1MoVG 钢材质;第二种焊缝形态,环室短接内表面侧第一层、第二层焊缝为不锈钢材质,其余两层为 12Cr1MoVG 钢材质;第三种焊缝形态,环室短接内表面侧第一层、第二层和第三层焊缝为不锈钢材质,第四层为 12Cr1MoVG 钢材质;第四种焊缝形态,焊缝全为不锈钢材质。采用 ANSYS 软件,进行数学建模,设立边界条件,对四种焊缝形态下,在工况 1(无温度载荷工况)和工况 2(有温度载荷工况)下的应力状况进行分析,发现上述四种焊缝形式在工况 2 下的应力都很高。因此,类似 $\Phi273\times25$ 标准喷嘴流量计焊缝形态要降低焊缝根部的应力水平,环室短接、节流件和焊缝须采用同材质焊料。

第 4 章还对 $\Phi273\times25$ 标准喷嘴流量计和 $\Phi273\times20$ 标准孔板流量计做了热处理模拟分析研究。结果表明,热处理后节流件整体处理弹性状态,热处理对节流件几何尺寸没有明显影响;同时发现热处理后流量计存在一定的残余应力。考虑到有限元分析无法模拟金属金相组织在热处理过程中的变化,因此需要结合实验判断流量计做焊后热处理的适应性。

为验证不同焊接材料的组合、焊后热处理对焊缝质量、焊接残余应力的影响,第 5 章加工了四种焊接试件:试件 1 的焊接材料为耐热钢焊丝打底,耐热钢焊条盖面,焊后不热处理;试件 2 的焊接过渡焊焊丝打底,耐热钢焊条盖面,焊后不热处理;试件 3 采用不锈钢焊丝打底,耐热钢焊条盖面,焊后不热处理;试件 4 采用不锈钢焊丝打底,耐热钢焊条盖面,焊后进行热处理。对四种焊接试件进行焊接残余应力测试和力学性能试验。测试和试验表明:① 只有试件 3 在不锈钢和耐热钢之间采用过渡焊焊接材料,力学性能试验合格,但由于未进行热处理,残余应力仍偏大,其他的试件都存在不锈钢与耐热钢直接焊接的问题,力学性能试验均不合格;② 试件 1 由于焊接材料均采用耐热钢材料,只有在与节流件连接处存在异种钢焊接问题,试件 4 由于采用焊后热处理,这两个试件焊接残余应力相对其余两个试件偏小。研究表明,节流式流量计异种钢焊缝焊接残余应力大,力学性能试验不合格。要保证焊接质量,应避免不锈钢材料上直接加焊耐热钢材料问题,需采用与母材相同的焊接材料或者采用过渡焊接材料,焊接完成后,应按照规定进行焊后热处理。

8.1.2 节流式流量计流固场特性和热效应特性研究

电站锅炉范围内管道上节流式流量计的使用环境:蒸汽温度最高可达到 545 ℃,最高压力可达到 13.7 MPa,给水温度最高可达到 285 ℃,最高压力可达到 37 MPa。由此可见,节流式流量计常处于极端环境工况下,为了保证流量计的安全可靠运行,就必须充分掌握喷嘴流量计的流固场特性和热效应特性。

本书第 6 章采用基于流固耦合数值模拟方法,以标准喷嘴流量计为对象,研究了不同流量和内壁面温度对标准喷嘴流量计流固场的影响,主要结论如下:

(1)基于流固耦合数值模拟方法,对不同流量和内壁面温度下流量计流场域的温度场进行分析,发现随着流量的增加,不同内壁面温度下流量计的热传递效应均减弱。

(2)对不同流量和内壁面温度下流量计流场域的压力场进行分析,发现随着流量的增加,不同内壁面温度对流场域的压力分布影响较小。

(3)对不同流量和内壁面温度下流体对流量计产生的动应力和流体激振变形进行分析,发现随着流量的增加不同内壁面温度下流体对流量计产生的动应力和流体激振变形的影响较小。

为研究节流式流量计内壁面温度变化对流量计热效应的影响,本书第 7 章以标准喷嘴流量计为对象,在五种不同的内壁面温度下对标准喷嘴流量计的热效应进行了数值模拟,主要结论如下:

(1)通过对不同内壁面温度流量计的热应力分布进行分析,发现随着内壁面温度的上升,在流量计上下游取压口和进出口区域均出现了较为明显的应力集中现象,且热应力值随着内壁面温度的上升而增大。

(2)通过对不同内壁面温度流量计的热变形分布进行分析,发现随着内壁面温度的上升,在流量计上下游取压口和八槽喷嘴进出口区域均出现了较大的热变形区域,且热变形值随着内壁面温度的上升而增大。

以上研究表明,节流式流量计内壁面温度对热效应(包括热应力、热变形)的影响显著。结合前面的安全性研究,节流式流量计在高温高压状况下运行,应力集中部位也正是节流式流量计在高温下热效应影响显著位置,说明原有的节流式结构应进行调整。

8.2 新型节流式流量计结构的展望

8.2.1 新型节流式流量计结构的改造方向

原有的节流式流量计(以标准喷嘴流量计为例,见图 3.1),前后夹持环、夹持环与喷嘴连接处存在多处突变,应力集中且喷嘴插入夹持环一定深度,夹持环的有效厚度减小,为了保证夹持环的强度,只能加大夹持环的厚度;前后夹持环对接焊缝在喷嘴正上方,按照特种设备技术规范要求,该处焊缝必须进行射线检测或者超声波检测,但由于结构存在突变及焊缝下方存在喷嘴,无法开展射线检测,超声波检测也存在一定难度(如果不能对焊缝质量进行有效评定,将存在很大的安全隐患);前后夹持环的对接焊缝存在异种钢焊接问题,容易萌生裂纹等缺陷。这些问题都需要新型节流式流量计在设计时给予关注和解决。在新型节流式流量计结构中,应避免喷嘴插入夹持环且喷嘴的安装位置应与前后夹持环对接焊缝保持一定的距离,这样既解决了该处结构突变应力集中的问题,又可以便捷地进行焊缝的无损检测,确保焊缝的制造质量,同时由于喷嘴与前后夹持环对接焊缝保持一定的距离,避免了异种钢焊接问题,热处理时也不会存在应力集中问题及与喷嘴热变形最大处重叠的问题。

8.2.2 新型节流式流量计改造注意事项

节流式流量计首先是作为一种流量计量器具使用的,在改造时,不能为了提高安全性而影响原来的计量特性。新型节流式流量计的结构必须符合 GB/T2624.1-2006、GB/T2624.2-2006 及 GB/T2624.3-2006 的要求。在节流式流量计各部件中,节流件是关系到计量特性的主要部分,建议节流件不做改动,而主要调整节流式流量计的测量管和前后夹持环结构。原有的结构中,前、后夹持环与节流件可能存在不连续焊接,而出现前、后夹持环环室窜气,降低了环室内压差,进而影响节流式流量计的精度。改造时,可以调整节流件与测量管或前、后夹持环连接结构,避免出现间隙,从而提高整个节流式流量计的计量精度。

参考文献

[1] 邓茂焕.节流式差压流量计的发展和现状[J].工业计量,2002,12(6):30-32.

[2] 孙淮清.从 ISO 5167:2003(E)颁布看孔板流量计的发展[J].工业计量,2006,16(C1):2.

[3] 孙延祚.国际标准 ISO 5167:2003(E)的主要变化及应采取的应对办法[J].石油化工自动化,2004,40(6):1-5.

[4] 徐海东.差压式流量计工作原理及测量准确度技术研究[J].中国设备工程,2020(5):145-146.

[5] 张毅.差压式流量计蒸汽测量准确度的影响因素及改善方法[J].中国计量,2017(6):112-114.

[6] 姚明源,王婕.差压式流量计的误差分析及处理[J].仪表技术,2012(2):48-50.

[7] 熊翼.对蒸汽流量测量准确度问题的分析[J].硅谷,2011(1):161-162.

[8] 魏峥,谢林,纪波峰,等.双量程差压流量计不确定度和量程比的验证[J].石油化工自动化,2013(6):54-57.

[9] 李志华,陈少华,陈坤,等.一种孔板差压流量计性能的数值研究[J].长江科学院院报,2014,31(12):129-134.

[10] 周乃君,向衍,余亚雄.多孔均流式流量计的结构设计与特性仿真[J].仪表技术与传感器,2015(5):50-52.

[11] 王月,晏永飞,周建平,等.喷嘴流量计的流场数值模拟与取压位置优化[J].当代化工,2018,47(10):2161-2164,2177.

[12] 朱小龙,韩涛翼.典型槽式孔板流量计的数值模拟研究[J].能源化工,2018,39(2):7-12.

[13] 赵奇,牛志娟,杨雪峰.基于CFD的非标准孔板流量计的数值模拟[J].节能技术,2015(5):453-456,463.

[14] 张兵强,高有兵,蒲鹤.孔板流量计计量精度数值模拟研究[J].天然气与石油,2014(4):70-74,12.

［15］向素平,王曦,孙明烨,等.基于 Fluent 的流量计管段流场数值模拟[J].煤气与热力,2012(10):39-42.

［16］陈家庆,王波,吴波,等.标准孔板流量计内部流场的 CFD 数值模拟[J].实验流体力学,2008(2):51-55.

［17］朱桂华,洪小波,徐洪威.振荡流态下孔板流量计的瞬时压力-流量特性分析[J].排灌机械工程学报,2019,37(3):237-241.

［18］杨国来,李明学.孔板流量计内部流场的仿真研究[J].甘肃科学学报,2015,27(6):79-81,106.

［19］林棋,娄晨.基于差压式孔板流量计的缩径管段流场数值研究[J].压力容器,2014(2):29-37.

［20］蒋硕硕,吴玉国,杨鸿麟,等.流线型孔板流量计液固两相流冲蚀磨损数值模拟[J].表面技术,2018,47(3):153-158.

［21］谢东梅,张青,田昭翔,等.孔板流量计内空化现象的数值模拟[J].中国测试,2017,43(6):129-133.

［22］王立坤,周杨,荣军,等.流量计导压管断裂失效分析[J].材料保护,2017,50(9):103-105,108.

［23］周青,田宗浩,刘青春,等.锅炉车间煤锅炉减温水孔板流量计和接管减薄与泄漏失效分析[C]//2013 年全国失效分析学术会议论文集,2013:3.

［24］胡恒,徐小捷,童良怀,等.在用化工管道流量计安全状况分析[J].石油和化工设备,2019,22(11):78-80.

［25］童良怀,蒋文焕,刘杰,等.电站锅炉流量计安全状况分析及应对[J].工业锅炉,2019(2):46-49.

［26］罗昭强,亚云启,戴恩贤,等.ISA 1932 型喷嘴蒸汽流量计检测方法的研究[J].中国特种设备安全,2019,35(8):19-24.

［27］钱盛杰,黄海军,赖圣,等.流量计对接焊缝超声相控阵 CIVA 仿真研究[J].石油化工设备技术,2019,40(4):50-54,57.

［28］林彤,姚钦,孙榕光.孔板流量计壳体焊缝的超声检测缺陷显示[J].无损检测,2020,42(1):13-16,36.

［29］夏尚,童良怀,王涛,等.流量计焊缝超声检测模拟软件的开发与应用[J].无损检测,2020,42(10):62-64,68.

［30］周文,夏尚,王涛,等.电站锅炉用焊接节流式流量计的焊缝缺陷检测及分析[J].工业锅炉,2020(4):50-53.

［31］ Min B, Logan B E. Continuous electricity generation from domestic wastewater and organic substrates in a flat plate microbial fuel cell［J］.Environmental Science & Technology, 2004, 38(21):5809-5814.

［32］ 殷建刚,李俊.蒸汽流量计现场检测技术探讨［J］.计量与测试技术, 2016,43(1):48-50.

［33］ 胡志鹏,赵艳.涡街流量计在不同气体流量标准装置上的检定结果比对［J］.中国计量杂志,2007(9):59-60,63.

［34］ 黄立中.采用音速喷嘴的气体流量标准装置［J］.中国测试技术,2005, 31(3):50-52.

［35］ 赵立,张明理,许新淮.临界流文丘里喷嘴法检定气体流量计的应用与研究［J］.中国仪器仪表,2002(6):33-38.

［36］ 潘振, 陈保东, 晏永飞, 等.V 锥流量计表面压力分布的数值模拟研究［J］.节能技术, 2009(4):299-301.

［37］ 杨小军.V 锥流量计基于 Fluent 的数值仿真与实验研究［D］.抚顺:辽宁石油化工大学硕士学位论文, 2010.

［38］ Guo S, Okamoto H, Maruta Y.Measurement on the fluid forces induced by rotor-stator interaction in a centrifugal pump［J］.JSME International Journal Series B:Fluids and Thermal Engineering, 2006, 49(2): 434-442.

［39］ 杨世铭, 陶文栓.传热学［M］.4 版.北京:高等教育出版社, 2006.

［40］ TSG D7006-2020《压力管道监督检验规则》.

［41］ GB 150.1-2011《压力容器 第 1 部分:通用要求》.

［42］ GB 150.2-2011《压力容器 第 2 部分:材料标准》.

［43］ GB 150.3-2011《压力容器 第 3 部分:设计标准》.

［44］ GB 150.4-2011《压力容器 第 4 部分:制造、检验和验收》.

［45］ GB/T 2624.1-2006《用安装在圆形截面管道中的差压装置测量满管流体流量 第 1 部分:一般原理和要求》.

［46］ GB/T 2624.2-2006《用安装在圆形截面管道中的差压装置测量满管流体流量 第 2 部分:孔板》.

［47］ GB/T 2624.3-2006《用安装在圆形截面管道中的差压装置测量满管流体流量 第 3 部分:喷嘴和文丘里喷嘴》.

［48］ GB 150.1~150.4-2011《压力容器》.

［49］ JB 4732-1995《钢制压力容器—分析设计标准》.

［50］ ASME boiler and pressure vessel code sec.VIII-Div.2(2019).